工业和信息化
精品系列教材

JavaScript+jQuery
前端开发基础教程

第 2 版｜微课版

Front-end Development with
JavaScript and jQuery

夏帮贵 刘凡馨 / 主编

人 民 邮 电 出 版 社
北 京

图书在版编目（ＣＩＰ）数据

JavaScript+jQuery前端开发基础教程：微课版 /
夏帮贵，刘凡馨主编. -- 2版. -- 北京 : 人民邮电出版
社，2024.10
工业和信息化精品系列教材
ISBN 978-7-115-64016-1

Ⅰ. ①J… Ⅱ. ①夏… ②刘… Ⅲ. ①网页制作工具—
教材 Ⅳ. ①TP393.092.2

中国国家版本馆CIP数据核字(2024)第060498号

内 容 提 要

本书注重基础知识的讲解，循序渐进、系统地讲述了 JavaScript 和 jQuery 前端开发的相关基础知识。JavaScript 部分涵盖了 JavaScript 基础、JavaScript 核心语法基础、数组和函数、异常和事件处理、JavaScript 的面向对象、浏览器对象等内容。jQuery 部分涵盖了 jQuery 简介、jQuery 选择器和过滤器、操作页面内容、jQuery 事件处理、jQuery 特效、AJAX 等内容。最后综合应用本书介绍的各种知识，开发了一个在线咨询服务系统。本书对每一个知识点，都尽量结合实例帮助读者理解。第 1～12 章均利用编程实践来说明本章知识如何使用。第 13 章以一个完整实例讲解 JavaScript、jQuery 和 Node.js 在 Web 应用程序开发中的应用。

本书内容丰富，讲解详细，可作为各类院校相关专业的教材，也可作为 JavaScript 和 jQuery 爱好者的参考书。

◆ 主　　编　夏帮贵　刘凡馨
　　责任编辑　初美呈
　　责任印制　王　郁　焦志炜

◆ 人民邮电出版社出版发行　　北京市丰台区成寿寺路 11 号
　　邮编　100164　电子邮件　315@ptpress.com.cn
　　网址　https://www.ptpress.com.cn
　　三河市君旺印务有限公司印刷

◆ 开本：787×1092　1/16
　　印张：18.5　　　　　　　　　2024 年 10 月第 2 版
　　字数：471 千字　　　　　　　2024 年 10 月河北第 1 次印刷

定价：69.80 元

读者服务热线：(010)81055256　印装质量热线：(010)81055316
反盗版热线：(010)81055315
广告经营许可证：京东市监广登字 20170147 号

前 言

本书全面贯彻党的二十大精神，以社会主义核心价值观为引领，着眼于新一代信息技术领域，为弘扬中华优秀传统文化、科教兴国战略、人才强国战略和创新驱动发展战略服务。

JavaScript 是一种脚本编程语言，广泛应用于客户端 Web 应用程序开发，可为 Web 页面添加丰富多彩的动态效果。jQuery 是一个 JavaScript 库，它使程序员可以方便、快捷地实现各种复杂功能和动画效果。

本书以"基础为主、实用为先、专业结合"为基本原则，在讲解 JavaScript 和 jQuery 前端开发技术知识的同时，力求结合实际项目，使读者能够轻松掌握 JavaScript 和 jQuery Web 应用开发。本次修订主要针对 JavaScript 和 jQuery 的技术进行了全面更新，并采用 Node.js 作为 Web 服务器，实例更加贴近实际。

本书具有以下 7 个特点。

1. 入门条件低

读者不需要具备太多技术基础，跟随本书学习即可轻松掌握 JavaScript 和 jQuery 前端开发的基本方法。

2. 学习成本低

本书在构建开发环境时，选择使用 Windows 操作系统、免费的 Visual Studio Code、Node.js 作为开发环境。

3. 内容编排精心设计

本书内容编排充分考虑读者的接受能力，选择 JavaScript 和 jQuery 中必备、实用的知识进行讲解。各种知识和配套实例循序渐进、环环相扣，涉及实际案例的各个方面。

4. 强调理论与实践结合

书中的每个知识点都尽量安排一个短小、完整的实例，方便读者学习。

5. 丰富实用的习题

每章均准备了一定数量的习题，方便读者通过练习巩固所学知识。

6. 精心制作微课

读者可观看微课，对照完成相应操作，从而达到学习和强化实操技能的目的。

7. 配备资源丰富

本书配备了书中所有实例代码、资源文件及习题参考答案。本书源代码可在学习过程中直接使用，参考相关章节进行配置即可。本书还提供了 PPT 课件、教案、教学大纲、教学进度表等相关资料，方便教师备课和开展教学。

本书作为教材使用时，课堂教学建议安排 42 学时，实验教学建议安排 22 学时。主要内容和学时安排如下页表所示，教师可根据实际情况进行调整。

章	主要内容	课堂学时	实验学时
第 1 章	JavaScript 基础	2	1
第 2 章	JavaScript 核心语法基础	4	2
第 3 章	数组和函数	3	2
第 4 章	异常和事件处理	2	1
第 5 章	JavaScript 的面向对象	2	1
第 6 章	浏览器对象	3	2
第 7 章	jQuery 简介	2	1
第 8 章	jQuery 选择器和过滤器	4	2
第 9 章	操作页面内容	4	2
第 10 章	jQuery 事件处理	2	1
第 11 章	jQuery 特效	4	2
第 12 章	AJAX	6	3
第 13 章	在线咨询服务系统	4	2
学时总计		42	22

本书由西华大学夏帮贵、刘凡馨主编。刘凡馨编写第 1~4 章，夏帮贵编写其余章并负责全书统稿。

由于编者水平有限，书中难免存在疏漏和不妥之处，敬请广大读者批评指正。编者 QQ 邮箱：314757906@qq.com。

编者

2024 年 3 月

目 录

第13章

在线咨询服务系统············· 258

第 1 章

JavaScript 基础

重点知识：

JavaScript 简介
JavaScript 编程工具
在 HTML 中使用 JavaScript
JavaScript 基本语法

JavaScript 是一种脚本语言，广泛应用于服务器、PC 客户端和移动客户端。在 Web 2.0 时代的富互联网应用（Rich Internet Application，RIA）中，JavaScript 扮演了重要的角色。JavaScript 代码可直接嵌入 HTML 文档，由浏览器负责解释执行，为静态的 Web 页面添加动态效果。

1.1 JavaScript 简介

JavaScript 是一种轻量的解释型编程语言，具有面向对象的特点，在 Web 应用中得到广泛使用。所有现代 Web 浏览器（如 Edge、Firefox、Chrome 等，后文统称为浏览器）都包含了 JavaScript 解释器，所以都支持 JavaScript 脚本。

嵌入 HTML 文档的 JavaScript 称为客户端的 JavaScript，通常简称为 JavaScript。当然，JavaScript 并不局限于浏览器客户端脚本编写，也可用于服务器、PC 客户端和移动客户端等的应用编写。

本书主要介绍嵌入 HTML 文档的 JavaScript，在浏览器中运行即可。

1.1.1 JavaScript 版本

JavaScript 最初由 Netscape（网景通信）公司的 Brendan Eich（布伦丹·艾希）研发。起初，该语言被称为 Mocha，但在 1995 年 9 月更名为 LiveScript，最后在 12 月 Netscape 公司与 Sun Microsystems（太阳微系统）公司联合发布的声明中，它被命名为 JavaScript，也就是 JavaScript 1.0。实现了 JavaScript 1.0 的 Netscape Navigator 浏览器 2.0 版几乎垄断了当时的浏览器市场。

因为 JavaScript 1.0 的巨大成功，Netscape 公司在 Netscape Navigator 浏览器 3.0 版中实现了 JavaScript 1.1。Microsoft 公司在进军浏览器市场后，在 Internet Explorer（简称 IE）3.0

中实现了一个 JavaScript 的克隆版本，并命名为 JScript。

在 Microsoft 加入后，有 3 种不同的 JavaScript 版本同时存在：Netscape Navigator 中的 JavaScript、IE 中的 JScript 以及 CEnvi 中的 ScriptEase。这 3 种 JavaScript 的语法和特性并没有统一。

1997 年，JavaScript 1.1 作为一个草案提交给欧洲计算机制造商协会（European Computer Manufactures Association，ECMA）。之后，由来自 Netscape、SunMicrosystems、Microsoft、Borland 公司和其他一些对脚本语言感兴趣的程序员组成的 TC39 团体推出了 JavaScript 的 "ECMA-262" 标准，该标准将脚本语言名称定义为 ECMAScript。该标准也被国际标准化组织（International Organization for Standardization，ISO）及国际电工委员会（International Electrotechnica Commission，IEC）采纳，作为各种浏览器的 JavaScript 语言标准。因此，JavaScript 成了事实上的名称，ECMAScript 代表了其语言标准。

> **提示** 早期的各种浏览器均未做到全面支持 ECMAScript 标准，在编写 JavaScript 脚本时，需考虑浏览器的兼容性。现在，JavaScript 语言标准已经稳定，几乎被所有主流浏览器完整地实现，故可以不再考虑版本和浏览器的兼容性。

1.1.2 JavaScript 特点

JavaScript 具有下列主要特点。

- 解释性：浏览器内置了 JavaScript 解释器。在浏览器中打开 HTML 文档时，其中的 JavaScript 代码直接被解释执行。
- 支持对象：可自定义对象，也可使用各种内置对象。
- 事件驱动：事件驱动使 JavaScript 能够响应用户操作，而不需要 Web 服务器端处理。例如，当用户输入 E-mail 地址时，可在输入事件处理函数中检查输入的合法性。
- 跨平台：JavaScript 脚本运行于 JavaScript 解释器，配置了 JavaScript 解释器的平台均能执行 JavaScript 脚本。
- 安全性：客户端 JavaScript 脚本不允许访问本地磁盘，不能将数据写入服务器，也不能对网络文档进行修改和删除，只能通过浏览器实现信息的浏览和动态展示。Node.js 作为一个服务器端 JavaScript 运行环境，可让 JavaScript 成为类似于 PHP、Python、Ruby 等的服务器端脚本语言，可让 JavaScript 程序实现读写文件、执行子进程以及网络通信等功能。

1.2 JavaScript 编程工具

JavaScript 脚本需要嵌入 HTML 文档，可使用各种工具来编写 JavaScript 脚本。最简单的工具是 Windows 的记事本。常用的 Web 集成开发工具有 Visual Studio Code（简称 VS Code）、Adobe Dreamweaver、Eclipse 和 IntelliJ IDEA 等。集成开发工具通常具有语法高亮、自动完成、错误检测等功能。本书使用的 VS Code 是 Microsoft 推出的免费集成开发工具。

1.2.1 安装 VS Code

安装 VS Code

Microsoft 在其官网提供了 VS Code 的下载地址。下载页面如图 1-1 所示。

图 1-1 VS Code 下载页面

将鼠标指针指向页面中的"下载 Visual Studio Code"按钮，展开下载菜单，然后选择 "Windows x64 用户安装程序"命令，下载 VS Code 安装程序。

下载完成后，运行安装程序，首先打开"许可协议"界面，如图 1-2 所示。选中"我同意此协议"单选项，单击"下一步"按钮，打开"选择目标位置"界面，如图 1-3 所示。

图 1-2 "许可协议"界面

图 1-3 "选择目标位置"界面

在"选择目标位置"界面中，需要指定安装 VS Code 使用的文件夹，可使用默认文件夹，也可指定其他的文件夹。设置好安装文件夹后，单击"下一步"按钮，打开"选择开始菜单文件夹"界面，如图 1-4 所示。

在"选择开始菜单文件夹"界面中，需要指定开始菜单中 VS Code 快捷方式所在文件夹的名称，可使用默认文件夹，也可指定其他文件夹。设置好开始菜单文件夹后，单击"下一步"按钮，打开"选择附加任务"界面，如图 1-5 所示。

图 1-4 "选择开始菜单文件夹"界面

图 1-5 "选择附加任务"界面

在"选择附加任务"界面中，可设置安装程序要执行的附加任务，如"创建桌面快捷方式"等。可勾选"其他"附加任务的复选框，然后单击"下一步"按钮，打开"准备安装"界面，如图 1-6 所示。

"准备安装"界面显示了前面步骤中的各种设置。如果要修改设置，可单击"上一步"按钮，返回前面的界面修改。确认设置无误后，单击"安装"按钮，执行安装操作。

安装完成后，打开安装完成界面，如图 1-7 所示。单击"完成"按钮，结束安装操作。

图 1-6 "准备安装"界面

图 1-7 安装完成界面

1.2.2 使用 VS Code

从系统"开始"菜单中选择"Visual Studio Code\Visual Studio Code"命令启动 VS Code。VS Code 界面如图 1-8 所示。在系统资源管理器中，用鼠标右键单击文件夹空白位置，然后在弹出的快捷菜单中选择"通过 Code 打开"命令，也可启动 VS Code，并在 VS Code 中打开该文件夹，以便编辑该文件夹中的文件。

使用 VS Code

图 1-8　VS Code 界面

下面的例 1-1 说明了如何在 VS Code 中创建 HTML 文档。

【例 1-1】 创建一个 HTML 文档，使用 JavaScript 代码在页面中输出"JavaScript 欢迎你！"源文件：01\test1-1.html。

具体操作步骤如下。

（1）在 VS Code 中选择"文件\新建文本文件"命令，VS Code 将新建一个文本文件，如图 1-9所示。

（2）单击"选择语言"选项，打开语言列表，如图 1-10 所示。

图 1-9　新建文本文件

图 1-10　选择语言

（3）在语言列表中单击"HTML"，将语言设置为 HTML。

（4）在编辑器中输入下面的代码。

```html
<html>
<body>
    <script>  document.write("JavaScript 欢迎你！") </script>
</body>
</html>
```

（5）按【Ctrl+S】组合键，打开"另存为"对话框，如图 1-11 所示。选择保存位置后，将文件名修改为 test1-1。最后，单击"保存"按钮，完成保存文件操作。

（6）按【Ctrl+F5】组合键，以非调试模式运行文件。首次运行时，VS Code 会显示选择调试器选项，如图 1-12 所示。

（7）在调试器列表中单击"Web App (Edge)"选项，使用 Edge 浏览器打开当前编辑的 HTML文档。运行结果如图 1-13 所示。

图 1-11　保存文件

图 1-12　选择调试器

图 1-13　运行结果

1.2.3　使用浏览器开发人员工具

使用浏览器开发
人员工具

目前的各种浏览器几乎都提供了开发人员工具。在 Edge 浏览器中，按【F12】键可打开开发人员工具。首次按【F12】键时，Edge 浏览器会弹出开发人员工具提示窗口，如图 1-14 所示。

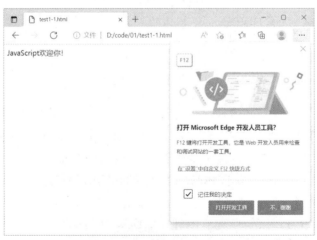

图 1-14　弹出开发人员工具提示窗口

勾选"记住我的决定"复选框，单击"打开开发工具"按钮，打开 Edge 浏览器的开发人员工具，如图 1-15 所示。开发人员工具中的"元素"选项卡显示了 HTML 文档中 DOM 元素的层次结构。

图 1-15 Edge 浏览器的开发人员工具

在"控制台"选项卡中可执行 JavaScript 命令，如图 1-16 所示。">"符号为命令提示符，在其后输入 JavaScript 命令，按【Enter】键执行。控制台输入支持自动完成功能，可提示 JavaScript 关键字。用分号分隔，可一次输入多条命令。

图 1-16 在控制台中执行 JavaScript 命令

1.3 在 HTML 中使用 JavaScript

在 HTML 文档中，可通过两种方式使用 JavaScript 脚本：嵌入和链接。

嵌入式 JavaScript 脚本

1.3.1 嵌入式 JavaScript 脚本

嵌入式 JavaScript 脚本指直接在 HTML 文档中包含 JavaScript 脚本，可使用下面的 3 种方法实现嵌入式 JavaScript 脚本。

- 使用<script>标记。
- 作为事件处理程序。
- 作为 URL。

1. 使用<script>标记嵌入 JavaScript 脚本

通常，HTML 文档中的 JavaScript 脚本放在<script>和</script>标记之间。例 1-1 就采用了这种方法。例 1-1 中的 document.write()方法用于在页面中输出一个字符串。

通常，<script>标记放在 HTML 文档的<head>或<body>部分，当然也可放在其他位置。<script>标记内可包括任意多条 JavaScript 语句，语句按照先后顺序依次执行，语句的执行过程也是浏览器加载 HTML 文档过程的一部分。除了函数内部的代码外，浏览器在扫描到 JavaScript 语句时就会立即执行该语句。函数内部的代码在调用函数时执行。

一个 HTML 文档可以包含任意多个<script>标记，<script>标记不能嵌套和交叉。不管有多少个<script>标记，对 HTML 文档而言，它们包含的 JavaScript 语句组成一个 JavaScript 程序。所以，在一个<script>标记中定义的变量和函数，可在后续的<script>标记中使用。

- language 和 type 属性

<script>标记的 language 和 type 属性（前者已被后者取代）可用于指定脚本使用的编程语言及其版本。

```
<script language="javascript"></script>
<script language="javascript 1.5"></script>
<script type="text/vbscript"></script>
```

脚本语言及其版本被指定后，如果浏览器不支持，则会忽略<script>标记内的脚本代码。

> **提示** 早期的脚本语言除了 JavaScript 外，还有 VBScript。目前，绝大多数新的浏览器不再支持 VBScript。JavaScript 已成为事实上的唯一客户端 HTML 脚本编程语言。所以在本书的所有实例中，不再在<script>标记中指定脚本语言。

- </script>标记

</script>标记表示一段脚本的结束。不管</script>标记出现在何处，浏览器均将其视为脚本的结束标记。

【例 1-2】 在编辑器中输入 JavaScript 脚本。源文件：01\test1-2.html。

```
<html>
<body>
    <script>
        document.write("<script>")
        document.write("document.write('页面中输出脚本')")
        document.write("</script>")
    </script>
</body>
</html>
```

在输入上述代码时，VS Code 会在第一个"</script>"开头和"</html>"末尾显示红色波浪线，提示该处有错，如图 1-17 所示。

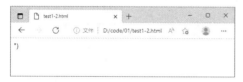

图 1-17　VS Code 提示脚本错误

此时运行文件，Edge 浏览器中的运行结果如图 1-18 所示。从运行结果可看出输入的脚本没有正确运行。要更正该错误，可将第一个 "</script>" 字符串进行拆分。

```
document.write("</sc"+"ript>")
```

更正后按【Ctrl+S】组合键保存文件，再在浏览器中按【F5】键刷新，脚本正确运行，结果如图 1-19 所示。

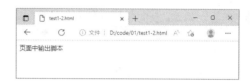

图 1-18　有错误时的运行结果　　　　　图 1-19　正确的运行结果

- defer 属性

在<script>标记中使用 defer 属性时，文档加载完成后浏览器才执行脚本。

```
<script defer></script>
```

当然，如果在脚本中有内容输出到页面，defer 属性会被忽略，脚本立即执行。

2．作为事件处理程序

JavaScript 脚本代码可直接作为事件处理程序代码。通常，在代码较少的情况下才会这样使用。

【例 1-3】　将 JavaScript 脚本代码作为事件处理程序代码。源文件：01\test1-3.html。

```
<html>
<body>
    <input type="button" value="请单击按钮" onclick="a = 1; b = 2;alert('单击按钮执行 JavaScript 语句
弹出对话框\na+b='+(a+b))"/>
</body>
</html>
```

HTML 按钮的 onclick 属性通常设置为处理事件的函数名称，本例中放置了 3 条 JavaScript 语句。在浏览器中打开 HTML 文档后，单击"请单击按钮"按钮，可打开一个对话框，如图 1-20 所示。

3．作为 URL

在 HTML 文档中，使用 "javascript" 作为协议名称时，可将 JavaScript 语句作为 URL 使用。在访问该 URL 时，JavaScript 语句被执行。

图1-20　将 JavaScript 代码作为事件处理程序代码

【例1-4】　将 JavaScript 脚本作为 URL。源文件：01\test1-4.html。

```html
<html>
<body>
    <a href="javascript:a = 1; b = 2;alert('单击链接执行 JavaScript 语句弹出对话框\na+b='+(a+b))">
        请单击此链接
    </a>
</body>
</html>
```

在页面中单击"请单击此链接"链接时，会打开对话框，如图 1-21 所示。

图1-21　将 JavaScript 脚本作为 URL

1.3.2　链接 JavaScript 脚本

链接 JavaScript
脚本

<script>标记的 src 属性用于指定链接的外部脚本文件。通常基于下列原因将 JavaScript 脚本放在外部文件中。

- 脚本代码较长，移出 HTML 文档后，可简化 HTML 文档。
- 脚本中的代码和函数需要在多个 HTML 文档间共享。将共享代码放在单个脚本文件中可节约磁盘空间，利于代码维护。
- 多个 HTML 文档共享的函数在第 1 次被调用时，将被缓存，后续 HTML 文档可直接使用缓存中的函数，加快网页加载速度。
- <script>标记的 src 属性值可以是任意的 URL。这意味着可使用来自 Web 服务器的 JavaScript 脚本文件，或者是由服务器脚本动态输出的脚本。

独立的 JavaScript 脚本文件扩展名通常为".js"，".js"文件只包含 JavaScript 代码，没有 <script>标记。浏览器会将文件中的代码插入<script>和</script>标记之间。

【例1-5】　在 HTML 文档使用外部 JavaScript 脚本。源文件：01\test1-5.html、test1-5.js。
具体操作步骤如下。

（1）在 VS Code 中选择"文件\新建文本文件"命令，新建一个文本文件，将语言设置为 JavaScript。

（2）输入下面的 JavaScript 语句。

```
document.write("使用外部 JavaScript 脚本")
```

（3）按【Ctrl+S】组合键打开"另存为"对话框，如图 1-22 所示，在"文件名"输入框中输入 test1-5，单击"保存"按钮完成保存操作。

图 1-22　保存 JavaScript 脚本文件

（4）在 VS Code 中选择"文件\新建文本文件"命令，新建一个文本文件，将语言设置为 HTML，输入如下代码。

```
<html>
<body>
    <script src="test1-5.js"></script>
</body>
</html>
```

（5）按【Ctrl+S】组合键保存 HTML 文档，文件名为 test1-5.html。

（6）按【Ctrl+F5】组合键运行文件，Edge 浏览器中的运行结果如图 1-23 所示。可看到页面中出现乱码，汉字未正确显示。

<script>标记的 charset 属性可指定链接文件的字符编码，其默认值为 ISO-8859-1。VS Code 默认的文字编码为 UTF-8。将<script>标记的 charset 属性设置为与链接文件一致的字符编码（即 UTF-8），即可解决汉字乱码问题。

图 1-23　出现乱码

（7）切换到 VS Code 的 test1-5.html 编辑窗口，为<script>标记添加 charset 属性，代码如下。

```
<html>
<body>
    <script src="test1-5.js" charset="utf-8"></script>
</body>
</html>
```

（8）按【Ctrl+S】组合键保存文件。

（9）切换到浏览器，按【F5】键刷新页面，可看到汉字正确显示了，如图 1-24 所示。

图 1-24　正确显示汉字

1.4 JavaScript 基本语法

本节介绍 JavaScript 语言最基本的语法规则。

1.4.1 区分大小写

区分大小写

JavaScript 对大小写敏感，使用过程中需要严格区分关键字、变量、函数以及其他标识符的大小写。

【例 1-6】 测试 JavaScript 是否区分变量大小写。源文件：01\test1-6.html。

```html
<html>
<body>
    <script>
        a = 100
        A = 200
        document.write(a)
        document.write("<br>")
        document.write(A )
    </script>
</body>
</html>
```

浏览器的输出结果如图 1-25 所示。从输出结果可以看到，脚本中的变量 a 和 A 是两个不同的变量。

图 1-25　JavaScript 区分变量大小写

1.4.2 可忽略空格、换行符和制表符

可忽略空格、换行符和制表符

JavaScript 会忽略代码中不属于字符串的空格、换行符和制表符。通常，空格、换行符和制表符用于帮助代码排版，方便阅读程序。

【例 1-7】 将 JavaScript 语句分行输入。源文件：01\test1-7.html。

```html
<html>
<body>
    <script>
        a =
            100
        document.
            write(a)
    </script>
</body>
</html>
```

浏览器的输出结果如图 1-26 所示，可以看到 JavaScript 允许将语句分行输入。

图 1-26　分行输入的 JavaScript 语句被正确执行

1.4.3　不强制使用语句结束符号

JavaScript 并不强制要求语句末尾使用分号 ";" 来作为语句结束符号。JavaScript 解释器可自动识别语句结束。

在某些时候，可使用分号将多条语句写在同一行。

```
<script>
    a =100; document.write(a)
</script>
```

1.4.4　注释

注释是程序中的说明信息，帮助理解代码。脚本执行时，注释内容会被忽略。JavaScript 提供两种注释。

- //：单行注释。//之后的内容为注释。
- /*……*/：多行注释。在 "/*" 和 "*/" 之间的内容为注释，可以占据多个语句行。

【例 1-8】　在 JavaScript 脚本中使用注释。源文件：01\test1-8.html。

```
<html>
<body>
    <script>
        /*
        【例 1-8】 在 JavaScript 脚本中使用注释
         下面的代码用于说明 JavaScript 对大小写敏感
        */
        a = 100                  //变量赋值
        A = 200                  //变量赋值
        document.write(a)        //将变量值输出到页面
        document.write("<br>")   //在页面中输出一个换行标记，将两个变量值分开
        document.write(A)        //将变量值输出到页面
    </script>
</body>
</html>
```

这里在例 1-6 的基础上添加了多个注释，这些注释不会影响脚本的输出结果。

1.4.5　标识符命名规则

标识符用于命名 JavaScript 中的变量、函数或其他对象。JavaScript 标识符命名规则与 Java 相同，第 1 个字符必须是字母、下画线、美元符号或者汉字，后面的字符可以是字母、数

字、下画线或者汉字。JavaScript 使用 Unicode 字符串，所以允许使用包含中文在内的各国语言字符。

例如，下面都是合法的标识符。

```
A
_data
$price
var1
价格
```

1.4.6 输入和输出语句

JavaScript 常用的输入和输出语句如下。

输入和输出语句

- document.write(msg)：将参数 msg 输出到 Web 页面的当前位置。
- console.log(msg)：将参数 msg 输出到浏览器控制台。
- alert(msg)：在浏览器中弹出警告对话框，参数 msg 作为警告信息显示。
- prompt(msg)：在浏览器中弹出输入对话框，参数 msg 作为输入提示信息显示。

【例 1-9】 使用 console.log()和 prompt()。源文件：01\test1-9.html。

```html
<html>
<body>
    <script>
        a = prompt('请输入一个整数: ')
        console.log('你输入的整数为: ' + a)
    </script>
</body>
</html>
```

其中，prompt()表示在浏览器中显示一个输入对话框，如图 1-27 所示。在对话框中输入 100，单击"确定"按钮确认。console.log()表示将输入的数据组合为字符串，并输出到浏览器的开发人员工具中的控制台，如图 1-28 所示。

图 1-27 浏览器弹出的输入对话框

图 1-28 控制台中的输出结果

1.5 编程实践：在页面中输出唐诗

本节综合应用本章所学知识，使用 JavaScript 脚本在 Web 页面中输出唐诗《静夜思》，如图 1-29 所示。诗词是中华民族优秀文化的代表，《静夜思》是诗人李白的代表作之一，读者可在互联网搜索了解李白的更多信息。

编程实践：在页面中输出唐诗

图 1-29　编程实践浏览器输出结果

具体操作步骤如下。

（1）在 VS Code 中选择"文件\新建文本文件"，新建一个文本文件。

（2）单击"选择语言"选项，打开语言列表。在语言列表中单击"HTML"，将语言设置为 HTML。

（3）在编辑器中输入如下代码。

```html
<html>
<head>
    <title>第 1 章编程实践</title>
</head>
<body>
    <div style="text-align:center">
        <script>
            s="静夜思<br/>唐·李白<br/>床前明月光，疑是地上霜。<br/>举头望明月，低头思故乡。"
            document.write(s)
        </script>
    </div>
</body>
</html>
```

（4）按【Ctrl+S】组合键保存文件，文件名设为 test1-10.html。

（5）按【Ctrl+F5】组合键运行文件，查看运行结果。

1.6　小结

本章主要介绍了 JavaScript 入门知识，包括 JavaScript 的版本、特点、编程工具、如何在 HTML 文档中使用 JavaScript 脚本及 JavaScript 的基本语法等内容。本章还讲解了如何使用 VS Code 创建 HTML 文档、编写 JavaScript 脚本和使用浏览器查看 HTML 文档输出结果。

1.7　习题

一、填空题

1. JavaScript 是一种轻量的_____编程语言。

2. 嵌入 HTML 文档的 JavaScript 称为_____的 JavaScript。

3. 配置了 JavaScript_____的平台均能执行 JavaScript 脚本。

4. 在 VS Code 中，按_____键可以以非调试模式运行文件。

5. 在 HTML 文档中，可通过_____和链接这两种方式使用 JavaScript 脚本。

6. 在 HTML 文档中，可使用_____标记来嵌入 JavaScript 代码。

7. 在<script>标记中使用_____属性时，文档加载完成后浏览器才执行脚本。

8. 使用_____作为协议名称时，可将 JavaScript 语句作为 URL 使用。

9. JavaScript_____区分标识符字母的大小写。

10. JavaScript 使用_____符号添加单行注释。

二、操作题

1. 更正下面代码中的错误，使脚本可以正确运行，运行结果如图 1-30 所示。

```html
<html>
<body>
    单价: 15<br />
    数量: 20<br />
    总金额:
    <script>
        price = 15
        quantity = 20
        document.write(Price * quantity)
    </script>
</body>
</html>
```

图 1-30　操作题 1 运行结果

2. 创建一个 JavaScript 脚本文件，在 Web 页面中输出字符串"厉害了，我的国！"再创建一个 HTML 文档，链接该脚本文件，文档运行结果如图 1-31 所示。

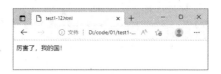

图 1-31　操作题 2 运行结果

3. 编写一个 HTML 文档，在页面中添加一个按钮，单击按钮时用对话框显示单击次数，运行结果如图 1-32 所示。

图 1-32　操作题 3 运行结果

4. 编写一个 HTML 文档，在页面中添加一个链接，单击链接时用对话框显示单击次数，运行结果如图 1-33 所示。

图 1-33　操作题 4 运行结果

5. 编写一个 HTML 文档，使用对话框输入两个整数，在页面中显示这两个整数的和，运行结果如图 1-34 所示。

图 1-34　操作题 5 运行结果

第2章

JavaScript 核心语法基础

重点知识：	数据类型和变量
	运算符与表达式
	流程控制语句

JavaScript 是如何存储和处理脚本中的数据的？数据是如何进行运算的？语句都是按顺序从上到下执行的吗？本章将为你解答这些问题，让你具备使用 JavaScript 编写具有一定逻辑的脚本的能力。

2.1 数据类型和变量

程序中最基础的元素是数据和变量。数据类型决定了程序如何存储和处理数据，变量则是数据的"存储仓库"。

2.1.1 数据类型

JavaScript 数据类型可分为两类：基本类型和引用类型。基本类型也称原始数据类型，包括 number（数值）、string（字符串）、boolean（布尔值）、null（空值）、undefined（未定义）和 symbol（符号）。引用类型也称复杂数据类型，包括 object（对象）和 function（函数）。

1. 数值常量

在程序中直接使用的值称为字面量或常量。数值常量支持十进制数、二进制数、八进制数和十六进制数的记数形式表示。

十进制：人们常用的记数进制，使用 0 ~ 9 的数码表示数值。

二进制：以 0b 开头，使用 0、1 表示数值，例如：0b110、0b1001。

八进制：以数字 0 或 0o 开头，使用 0 ~ 7 的数码表示数值，例如 05、0o10、017。

十六进制：以 0x 或 0X 开头，使用 0 ~ 9、a ~ f、A ~ F 的数码表示数值，例如 0x5、0x1F。

在 Edge 浏览器控制台中输入各种进制数据，输出为对应的十进制数，如图 2-1 所示。

ES2020（即 ECMAScript 2020）为 JavaScript 定义了一种新的数值类型 bigint，用于表示

64 位整数。数值末尾的小写字母 n 表示这是一个 bigint 值。例如：10n、0b110n、0x1Fn。

图 2-1　在浏览器控制台输入各种进制数据

数值常量包含小数，例如 2.25、1.7。如果整数部分为 0，JavaScript 允许省略小数点前面的 0，如 0.25 可表示为.25。

数值常量可用科学记数法表示，如 1.25e-3、2.5E2。

JavaScript 有几个特殊的数值。

- Infinity：Infinity 表示正无穷大，-Infinity 表示负无穷大。在非零数值除以 0 时就会出现无穷大。当一个正值超出 JavaScript 的表示范围时，其结果就是正无穷大。
- NaN：Not a Number，意思为"非数字"。NaN 表示数值运算时出现了错误或者未知结果。例如，0 除以 0 的结果为 NaN。
- Number.MAX_VALUE：最大数值。
- Number.MIN_VALUE：最小数值。
- Number.NaN：NaN。
- Number.POSITIVE_INFINITY：Infinity。
- Number.NEGATIVE_INFINITY：-Infinity。

【例 2-1】　输出各种数值常量。源文件：02\test2-1.html。

```html
<html>
<body>
    <script>
        document.write("输出整数: <br>")
        document.write("十进制 100: "+100)
        document.write("<br>八进制 0100: "+0100)
        document.write("<br>十六进制 0x100: "+0x100)
        document.write("<p>输出小数: <br>"+125.25)
        document.write("<br>1.2e5: "+1.2e5)
        document.write("<br>1.2E-5: "+1.2E-5)
        document.write("<p>输出特殊数值: <br>1/0: "+1/0)
        document.write("<br>-1/0: "+-1/0)
        document.write("<br>0/0: "+0 / 0)
        document.write("<br>Number.MAX_VALUE: "+Number.MAX_VALUE)
        document.write("<br>Number.MIN_VALUE: "+Number.MIN_VALUE)
        document.write("<br>Number.NaN: "+Number.NaN)
        document.write("<br>POSITIVE_INFINITY: "+Number.POSITIVE_INFINITY)
```

JavaScript+jQuery 前端开发基础教程（第2版）

```
            document.write("<br>Number.NEGATIVE_INFINITY: "+Number.NEGATIVE_INFINITY)
        </script>
    </body>
</html>
```

浏览器中的输出结果如图 2-2 所示。

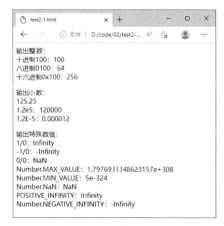

图 2-2　输出数值常量

2．字符串常量

JavaScript 使用 Unicode 字符集。字符串常量指用英文的双引号（"）或单引号（'）引起来的一串 Unicode 字符，如"Java"或'15246'。

只能成对使用单引号或双引号作为字符串定界符，不能使用一个单引号和一个双引号。如果需要在字符串中包含单引号或双引号，则应用另一个作为字符串定界符或者使用转义字符。例如，"I like 'JavaScript'"。

字符串中可以使用转义字符，转义字符以"\"开始。例如，"\n"表示换行符，"\r"表示回车符。表 2-1 列出了 JavaScript 的转义字符。

表 2-1　JavaScript 的转义字符

转义字符	说明
\0	空字符，Unicode 编码为 0
\b	退格符
\n	换行符
\r	回车符
\t	制表符
\"	双引号
\'	单引号
\\	\
\XXX	XXX 为 3 位八进制数，表示字符的 Unicode 编码，如\101 表示字符 A
\xXX	XX 为两位十六进制数，表示字符的 Unicode 编码，如\x41 表示字符 A
\uXXXX	XXXX 为 4 位十六进制数，表示字符的 Unicode 编码，如\u0041 表示字符 A

提示 在浏览器中，退格符、换行符、回车符和制表符等控制字符起不到应有的作用。例如，HTML 的
标记才能在浏览器中起到换行作用。

【例 2-2】 输出各种字符串。源文件：02\test2-2.html。

```
<html>
<body>
    <script>
        document.write("输出字符串: <br>")
        document.write("开始学'JavaScript'<br>")
        document.write("开始学\"JavaScript\"<br>")
        document.write("<br>八进制字符\\101: \101")
        document.write("<br>十六进制字符\\x45: \x45")
        document.write("<br>十六进制字符\\u0045: \u0045")
    </script>
</body>
</html>
```

浏览器中的输出结果如图 2-3 所示。

3. 布尔型常量

布尔型常量只有两个：true 和 false（注意必须小写）。

4. null

null 在 JavaScript 中表示空值。

5. undefined

用 var 声明一个变量后，其默认值为 undefined。

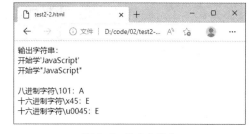

图 2-3　输出字符串

```
var a
document.write(a)    //输出结果为 undefined
```

在浏览器控制台中测试输出，如图 2-4 所示。

图 2-4　输出 undefined

6. 类型测试

typeof 运算符可测试数据的类型。

```
typeof(0b110)            //结果为 number
```

需要特别说明的是：typeof(null)的结果为 object，但这个结果是错误的。这是 JavaScript 中的一个 bug，但修复这个 bug 可能会导致出现更多的 bug，所以 JavaScript 一直没有修复这个 bug。

2.1.2 数据类型转换

数据类型转换

JavaScript 中的数据类型转换包括隐式类型转换和显式类型转换。

1. 隐式类型转换

当 JavaScript 执行代码需要特定类型的数据，但代码提供的不是该类型的数据时，JavaScript 就会根据需要转换数据的类型，这就是隐式类型转换。

```
5 + 'x'            //结果为'5x'，数值 5 转换为字符串
5 - '3'            //结果为 2，字符串'3'转换为数值
true + 'ABC'       //结果为'trueABC'，布尔值 true 转换为字符串
```

表 2-2 列出了 JavaScript 的常见类型转换。

表 2-2　JavaScript 的常见类型转换

值	转换为数值	转换为字符串	转换为布尔值
true	1	"true"	true
false	0	"false"	false
null	0	"null"	false
undefined	NaN	"undefined"	false
""（空字符串）	0	""	false
"12.5"（数值字符串）	12.5	"12.5"	true
"abc"（非数值字符串）	NaN	"abc"	true
0	0	"0"	false
−0	−0	"0"	false
5（非 0 数值）	5	"5"	true
Infinity	Infinity	"Infinity"	true
−Infinity	−Infinity	"−Infinity"	true
[]（空数组）	0	""	false

2. 显式类型转换

显式类型转换指使用 Number()、String()和 Boolean()等函数转换类型。

```
Number('2.5')      //转换为数值类型，结果为 2.5
String(-5)         //转换为字符串类型，结果为'-5'
Boolean(-5)        //转换为布尔值类型，结果为 true
```

2.1.3 变量

变量

变量用于在程序中存储数据，具有数据类型和作用范围。

1. 变量声明

JavaScript 要求变量在使用之前必须进行声明，可使用 var、let 和 const

声明变量。

```
var a,b
let x
const PI=3.14
```

const 声明的变量可称为自定义常量，必须赋初始值，且不能更改 const 所声明变量的值。var 声明的全局变量是 Window 对象的一个属性,但 let 和 const 声明的变量不是 Windows 对象的属性。

变量和变量值之间为引用关系，变量引用变量值。const 声明的变量和变量值之间为常量引用关系，即不能改变这种引用关系；如果引用的是对象，对象本身是允许改变的。

```
const PI=3.14          //声明 PI 引用常量 3.14
PI=3.14156             //错误，试图令 PI 引用另一个常量
const a=[1,2,3]        //声明 a 引用数组[1,2,3]
a[0]='abc'             //正确，修改数组的第一个元素值，数组变为['abc', 2, 3]，引用关系不变
a=[2,3]                //错误，试图令 a 引用另一个数组
```

可以在声明的同时给变量赋值。

```
var a=100,b=200
```

"="表示赋值。

一种特殊情况是直接给一个未声明的变量赋值。

```
ab = 100
```

此时，JavaScript 会隐式地对变量 ab 进行声明。

JavaScript 允许重复声明变量。

```
var a = 100
var a = "abc"
```

重复声明时，如果没有为变量赋值，则变量的值不变。

```
var a = 100
var a           //a 的值还是 100
```

2. 变量的数据类型

JavaScript 是一种弱类型语言，不强制规定变量的数据类型。存入变量的数据决定其数据类型。可以给一个变量赋不同类型的值。

【例 2-3】 为变量赋值不同类型的数据，测试变量数据类型。源文件：02\test2-3.html。

```
<html>
<body>
    <script>
        var x = 123                          //将数值存入 x
        document.write("x = "+x)
        document.write("  x 的数据类型: "+typeof(x))
        x = "abc"                            //将字符串存入 x
        document.write("<br>x = "+x)
        document.write("  x 的数据类型: "+typeof(x))
        x = true                             //将布尔值存入 x
        document.write("<br>x = "+x)
```

```
            document.write("  x的数据类型: "+typeof(x))
        </script>
    </body>
</html>
```

浏览器中的输出结果如图 2-5 所示。

3. 变量的作用范围

作用范围（也称作用域）是变量可使用的代码区
域。根据作用范围可将变量分为两种：全局变量和局
部变量。

图 2-5　给变量赋值不同类型的数据

在 JavaScript 中，类、函数体、if 语句体、switch
语句体、for 和 while 循环的循环体等可称为代码块。粗略地讲，代码块就是一对花括号 "{}" 内的
代码。在代码块内部使用 let 和 const 声明的变量为局部变量，其作用范围是当前代码块（当前代
码块即为局部作用域）。在所有代码块外部使用 let 和 const 声明的变量为全局变量，其作用范围是
当前文档的所有代码（当前文档即为全局作用域）。

```
let a=10                         //a 是全局变量
const PI=3.14                    //PI 是全局变量
{
    let b=10                     //b 是局部变量
    const PI2=3.1415            //PI2 是局部变量
    document.write(a+PI )       //在代码块内使用全局变量 a 和 PI，正确
}
document.write(b+PI2 )          //在代码块外使用局部变量 b 和 PI2，错误
```

在函数体内用 var 声明的变量为局部变量，其作用范围为当前函数，可称其为函数作用域；在
函数体外部（即使在一对花括号内）用 var 声明的变量为全局变量。

```
var a=10                         //a 是全局变量
{
    document.write(a+'<br>')     //在代码块内使用全局变量 a，正确
    var b=20                     //b 是全局变量
}
document.write(b+'<br>')         //在代码块外使用全局变量 b，正确
function f1(){
    document.write(a+'<br>')     //在函数内使用全局变量 a，正确
    var c=30                     //c 是局部变量
}
f1()                             //调用函数
document.write(c+'<br>')         //在函数外使用局部变量 c，错误
```

如果一个局部变量和全局变量同名，则局部变量将屏蔽全局变量。

给未声明的变量赋值时，JavaScript 默认将其声明为全局变量。即使变量在函数内部使用，只
要没有声明，JavaScript 就会将其声明为全局变量。

【例 2-4】　使用全局变量和局部变量。源文件：02\test2-4.html。

```
<script>
    var a, b;                        //声明两个全局变量
```

```
            a = 1
            b = 2
            function test() {
                var a                                    //声明同名局部变量 a，屏蔽同名的全局变量
                document.write("在函数中输出各个变量值：")
                document.write("<br>a = " + a)           //输出局部变量 a，此时 a 还未赋值
                document.write("<br>b = " + b)           //输出全局变量 b
                a = 100                                  //为局部变量 a 赋值
                b = 200                                  //为全局变量 b 赋值
                c = 300                                  //为未声明的变量赋值，c 为全局变量
            }
            test()                                       //调用函数
            document.write("<p>调用函数后输出各个变量值：")
            document.write("<br>a = " + a)               //输出全局变量 a
            document.write("<br>b = " + b)               //输出全局变量 b
            document.write("<br>c = " + c)               //输出全局变量 c
        </script>
</body>
</html>
```

浏览器中的输出结果如图 2-6 所示。

图 2-6　使用全局变量和局部变量

修改 test2-4.html，在函数中添加一条局部变量声明语句，然后在调用函数后尝试使用该变量。代码如下。

```
<html>
<body>
    <script>
        var a, b;                                    //声明两个全局变量
        a = 1
        b = 2
        function test() {
            var a                                    //声明同名局部变量 a，屏蔽同名的全局变量
            document.write("在函数中输出各个变量值：")
            document.write("<br>a = " + a)           //输出局部变量 a，此时 a 还未赋值
            document.write("<br>b = " + b)           //输出全局变量 b
            a = 100                                  //为局部变量 a 赋值
            b = 200                                  //为全局变量 b 赋值
            c = 300                                  //为未声明的变量赋值，c 为全局变量
            var d=400                                //声明局部变量 d
```

```
        }
        test()                                  //调用函数
        document.write("<p>调用函数后输出各个变量值: ")
        document.write("<br>a = " + a)          //输出全局变量 a
        document.write("<br>b = " + b)          //输出全局变量 b
        document.write("<br>c = " + c)          //输出全局变量 c
        document.write("<br>d = " + d)          //错误：使用局部变量 d 错
    </script>
</body>
</html>
```

浏览器通常会在脚本出错时停止执行脚本，同时停止加载后续 HTML 代码。可在打开开发人员工具后刷新页面，在控制台中查看脚本错误信息，如图 2-7 所示。

错误信息显示脚本运行到 "document.write("
d = " + d)" 语句时出错，此语句之前的代码都正确执行了，浏览器中已显示正确执行的代码的结果。这说明了 JavaScript 是解释型的，浏览器按照先后顺序依次执行语句。

图 2-7　查看脚本错误信息

2.2　运算符与表达式

运算符用于完成运算，参与运算的数称为操作数。由操作数和运算符组成的式子称为表达式。JavaScript 中的运算可分为算术运算、字符串运算、关系运算、逻辑运算、位运算和赋值运算等。

算数运算符

2.2.1　算术运算符

算术运算符用于执行加法、减法、乘法、除法和求余等算术运算。表 2-3 列出了 JavaScript 中的算术运算符。

表 2-3　JavaScript 中的算术运算符

运算符	说明
++	变量自加。例如：++x、x++
--	变量自减。例如：--x、x--
**	幂运算。例如：3**5
*	乘法。例如：3*5
/	除法。例如：3/5
%	求余。例如：5%3。小数求余时，结果为小数
+	加法。例如：5+3
-	减法。例如：5-3

只使用算术运算符构成的表达式称为算术表达式。

【例 2-5】 使用算数运算符。源文件：02\test2-5.html。

```html
<html>
<body>
    <script>
        x = 5
        y = ++x                                    //等价于 x=x+1;y=x
        document.write("执行: <br>x = 5<br>y = ++x")
        document.write("<br>后: x = " + x + " ;  y = " + y)
        z = x++                                    //等价于 z=x;x=x+1
        document.write("<br><br>执行: <br>z = x++")
        document.write("<br>后: x = "+x+" ;  z = "+z)
        a = --x                                    //等价于 x=x-1; a=x
        document.write("<br><br>执行: <br>a = --x")
        document.write("<br>后: x = "+x+" ;  a = "+a)
        b = x--                                    //等价于 b=x; x=x-1
        document.write("<br><br>执行: <br>b = x--")
        document.write("<br>后: x = "+x+" ;  b = "+b)
        document.write("<br><br>5 % 2 = " + (5 % 2))
        document.write("<br>5 % -2 = " + (5 % -2))
        document.write("<br>-5 % 2 = " + (-5 % 2))
        document.write("<br>-5 % -2 = " + (-5 % -2))
        document.write("<br>5 % 2.4 = " + (5 % 2.4))
    </script>
</body>
</html>
```

浏览器中的输出结果如图 2-8 所示。

图 2-8　使用算术运算符的输出结果

2.2.2　字符串运算符

字符串运算符

在 JavaScript 中，可使用加号（＋）将两个字符串连接成一个字符串。

```
x="I like " + "JavaScript"        //x 的值为"I like JavaScript"
```

27

加号既可表示加法，也可表示字符串连接，所以在使用时应注意。

```
x=2+3+"abc"
```

在上述语句中，按照从左到右的顺序，先计算 2+3（结果为 5），再计算 5+"abc"，结果为"5abc"。

```
x="abc"+2+3
```

在上述语句中，按照从左到右的顺序，先计算"abc"+2（结果为 abc2），再计算"abc2"+3，结果为"abc23"。

所以，当加号两侧都是数值时执行加法运算；如果有一个操作数为字符串，加号执行字符串连接。

【例 2-6】 使用字符串运算符。源文件：02\test2-6.html。

```
<html>
<body>
    <script>
        x = "I like " + "JavaScript"
        document.write('"I like " + "JavaScript" ')
        document.write(" 结果为: " + x)
        x = 2 + 3 + "abc"
        document.write('<br>2 + 3 + "abc" ')
        document.write(" 结果为: " + x)
        x = "abc" + 2 + 3
        document.write('<br>"abc" + 2 + 3 ')
        document.write(" 结果为: " + x)
    </script>
</body>
</html>
```

浏览器中的输出结果如图 2-9 所示。

图 2-9 使用字符串运算符的输出结果

2.2.3 关系运算符

关系运算符用于比较操作数的大小关系，运算结果为布尔值 true 或 false。表 2-4 列出了 JavaScript 中的关系运算符。

表 2-4 JavaScript 中的关系运算符

运算符	说明	运算符	说明
>	大于	==	相等
<	小于	!=	不等

运算符	说明	运算符	说明
>=	大于等于	===	绝对相等
<=	小于等于	!==	绝对不等

由算术运算符和关系运算符（至少包含关系运算符）构成的表达式称为关系表达式。

相等运算符用于判断两个表达式的值是否相等。例如，3==5 结果为 false。一种特殊情况是，数字字符串和对应数值会被认为相等。例如，"5"==5 结果为 true。

如果使用绝对相等运算符，只有在两个数的数据类型和值都相同时结果才为 true。例如，"5"= = =5 结果为 false。

关系运算符也可用于字符串比较。当两个字符串进行比较时，JavaScript 首先比较两个字符串的第 1 个字符的 Unicode 编码。若两个字符的 Unicode 编码相同，则继续比较下一个字符的，否则将根据 Unicode 编码大小得出两个字符串的大小关系。若两个字符串的字符完全相同，则两个字符串相等。若一个字符串中的字符已经比较完，则另一个还有未比较字符的字符串更大。

【例 2-7】 使用关系运算符。源文件：02\test2-7.html。

```
<html>
<body>
    <script>
    var x = 5, y = 3
    document.write('x = 5 , y = 3')
    document.write("<br>x < y 结果为: " + (x < y))
    document.write("<br>x > y 结果为: " + (x > y))
    document.write("<br>x <= y 结果为: " + (x <= y))
    document.write("<br>x >= y 结果为: " + (x >= y))
    document.write("<br>x == 5 结果为: " + (x == 5))
    document.write('<br>x == "5" 结果为: ' + (x == "5"))
    document.write("<br>x === 5 结果为: " + (x === 5))
    document.write('<br>x === "5" 结果为: ' + (x === "5"))
    document.write('<br>x != "5" 结果为: '+(x!="5"))
    document.write('<br>x !== "5" 结果为: '+(x!== "5"))
    var x = "abc", y = "cba"
    document.write('<br>x = "abc" , y = "cba"')
    document.write("<br>x < y 结果为: " + (x < y))
    document.write("<br>x > y 结果为: " + (x > y))
    document.write("<br>x <= y 结果为: " + (x <= y))
    document.write("<br>x >= y 结果为: " + (x >= y))
    document.write("<br>x == y 结果为: " + (x == y))
    document.write("<br>x > 'ab' 结果为: " + (x > 'ab'))
    </script>
</body>
</html>
```

浏览器中的输出结果如图 2-10 所示。

图 2-10　使用关系运算符的输出结果

2.2.4　逻辑运算符

逻辑运算符用于对布尔型值执行逻辑运算。表 2-5 列出了 JavaScript 中的
逻辑运算符。

逻辑运算符

表 2-5　JavaScript 中的逻辑运算符

运算符	说明
!	逻辑非，!true 为 false，!false 为 true
&&	逻辑与，如 x && y，只有在 x 和 y 均为 true 时结果才为 true
||	逻辑或，如 x || y，只有在 x 和 y 均为 false 时结果才为 false

【例 2-8】　使用逻辑运算符。源文件：02\test2-8.html。

```
<html>
<body>
    <script>
        /**
         * 闰年的判断条件为能被 400 整除，或者能被 4 整除但不能被 100 整除
         * 判断闰年的逻辑表达式为 ( x % 4 == 0 && x % 100 != 0 ) || x % 400 == 0
         */
        var x=1900
        document.write('1900 年是闰年? ')
        document.write((x % 4 == 0 && x % 100 != 0)|| x % 400 == 0 )
        x = 2000
        document.write('<br>2000 年是闰年? ')
        document.write((x % 4 == 0 && x % 100 != 0)|| x % 400 == 0 )
        x = 2002
        document.write('<br>2002 年是闰年? ')
        document.write((x % 4 == 0 && x % 100 != 0) || x % 400 == 0 )
        x = 2004
        document.write('<br>2004 年是闰年? ')
```

```
            document.write((x % 4 == 0 && x % 100 != 0) || x % 400 == 0)
        </script>
    </body>
    </html>
```

浏览器中的输出结果如图 2-11 所示。

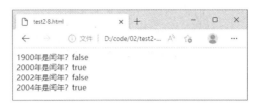

图 2-11　使用逻辑运算符的输出结果

2.2.5　位运算符

位运算符用于对操作数按二进制执行位运算。表 2-6 列出了 JavaScript 中的位运算符。

表 2-6　JavaScript 位运算符

运算符	说明
~	按位非。例如：~5 结果为-6
&	按位与。例如：5 & -6 结果为 0
|	按位或。例如：5 | -6 结果为-1
^	按位异或。例如：5 ^ 6 结果为-1
<<	左移，末尾加 0。例如：5<<2（5 左移两位）结果为 20
>>	右移，符号位不变。例如：-5>>2（-5 右移两位）结果为-2
>>>	算术右移，高位加 0。例如：-5>>>2（-5 右移两位）结果为 1073741822

【例 2-9】　使用位运算符。源文件：02\test2-9.html。

```
<html>
<body>
    <script>
        document.write('<br>~5 结果为: ' + (~5))
        document.write('<br>5 & -6 结果为: ' + (5 & -6))
        document.write('<br>5 | -6 结果为: ' + (5 | -6))
        document.write('<br>5 << 2 结果为: ' + (5 << 2))
        document.write('<br>-5 >> 2 结果为: ' + (-5 >> 2))
        document.write('<br>-5 >>> 2 结果为: ' + (-5 >>> 2))
    </script>
</body>
</html>
```

浏览器中的输出结果如图 2-12 所示。

图 2-12　使用位运算符的输出结果

赋值运算符

2.2.6　赋值运算符

"="是 JavaScript 中的赋值运算符，用于将其右侧表达式的值赋给左侧的变量。

```
x=5;
y=x*x+2;
```

赋值运算符可以和算术运算符以及位运算符组成复合赋值运算符，包括*=、/=、%=、+=、-=、<<=、>>=、>>>=、&=、|=和^=。复合赋值运算符首先计算变量和右侧表达式，然后将结果赋给变量。

```
x+=5;                    //等价于 x=x+5
```

赋值运算表达式可出现在表达式的任何位置。

```
x=(y=5)+3;               //等价于 y=5;x=y+3;
```

【例 2-10】　使用赋值运算符。源文件：02\test2-10.html。

```
<html>
<body>
    <script>
        var x = 5
        document.write('<br>x = 5')
        x += 10
        document.write('<br>执行 x += 10 后 x = ' + x)
        x -= 10
        document.write('<br>执行 x -= 10 后 x = ' + x)
        x *= 10
        document.write('<br>执行 x *= 10 后 x = ' + x)
        x /= 10
        document.write('<br>执行 x /= 10 后 x = ' + x)
        x %= 2
        document.write('<br>执行 x %= 2 后 x = ' + x)
    </script>
</body>
</html>
```

浏览器中的输出结果如图 2-13 所示。

图 2-13　使用赋值运算符的输出结果

2.2.7　特殊运算符

JavaScript 还提供了一些特殊的运算符，包括条件运算符、逗号运算符、数据类型运算符及 new 运算符等。

特殊运算符

1. 条件运算符

条件运算符基本格式如下。

```
表达式 1 ？ 表达式 2 ： 表达式 3
```

若表达式 1 的值为 true，则条件运算结果为表达式 2 的值，否则为表达式 3 的值。例如，下面的代码输出两个数中较大的值。

```
var a =2, b = 3, c
c = a > b ? a : b
document.write(c)          //输出 3
```

2. 逗号运算符

利用逗号可以将多个表达式放到一起，其中最后一个表达式的值为整个表达式的值。

```
c = (a = 5, b = 6, a + b)
document.write(c)           //输出 11
```

3. 数据类型运算符

typeof 运算符可返回操作数的数据类型，其基本格式如下。

```
typeof 操作数
typeof（操作数）
```

例如，返回变量 a 的数据类型。

```
a = 100
document.write(typeof a)      //输出 number
```

表 2-7 列出了各种数据的 typeof 数据类型名称。

表 2-7　各种数据的 typeof 数据类型名称

数据	typeof 数据类型名称
数值	number
字符串	string
逻辑值	boolean
undefined	undefined

续表

数据	typeof 数据类型名称
null	object
对象	object
函数	function

4. new 运算符

new 用于创建对象实例。

```
a = new Array()    //创建一个数组对象
```

【例 2-11】 使用特殊运算符。源文件：02\test2-11.html。

```html
<html>
<body>
    <script>
        var a =2, b = 3, c
        c = a > b ? a : b
        document.write("a =2, b = 3 较大值为" + c)
        c = (a = 5, b = 6, a + b)
        document.write("<br>表达式: (a = 5, b = 6, a + b) 的值为" + c)
        document.write("<br>100 的数据类型为: " + typeof 100)
        document.write("<br>1.5 的数据类型为: " + typeof 1.5)
        document.write("<br>'abc' 的数据类型为: " + typeof 'abc')
        document.write("<br>true 的数据类型为: " + typeof true)
        var x
        document.write("<br>"+ x + " 的数据类型为: " + typeof x)
        document.write("<br>null 的数据类型为: " + typeof null)
        a = new Array()                                         //创建一个数组对象
        document.write("<br>数组的数据类型为: "+typeof a)
        function test() { }                                     //定义一个函数
        document.write("<br>函数的数据类型为: " + typeof test)
    </script>
</body>
</html>
```

浏览器中的输出结果如图 2-14 所示。

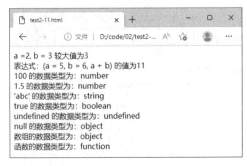

图 2-14　使用特殊运算符的输出结果

2.2.8　运算符的优先级

JavaScript 的运算符具有明确的优先级，优先级高的运算符将优先计算，同级的运算符按照从左到右的顺序依次计算。

表 2-8 按照优先级从高到低的顺序列出了 JavaScript 的主要运算符。

表 2-8　JavaScript 主要运算符的优先级

运算符	说明
()	表达式分组
.、[]、()、new（带参数列表）	成员访问、需计算的成员访问、函数调用、带参数创建对象
new（无参数列表）	不带参数创建对象
++、−−	后缀自加、后缀自减
++、−−、+、−、~、!、delete、typeof、void	前缀自加、前缀自减、一元加、一元减、按位非、逻辑非、属性删除、返回数据类型、判断空值
**	幂运算
*、/、%	乘法、除法、求余
+、−	加法、减法
<<、>>、>>>	左移、右移（带符号）、右移（不带符号）
<、<=、>、>=、instanceof	小于、小于或等于、大于、大于或等于、对象的实例
==、!=、===、!==	相等、不相等、严格等于、严格不相等
&	按位与
^	按位异或
|	按位或
&&	逻辑与
||	逻辑或
?:、=	条件运算、简单赋值

例如，表达式 x % 4 == 0 && x % 100 != 0 || x % 400 == 0（当 x 值为 700 时）按从左到右的顺序进行计算，过程如下。

（1）%优先级高于==，所以先计算 x % 4，结果为 0。表达式变为 0 == 0 && x % 100 != 0 || x % 400 == 0。

（2）==优先级高于&&，所以先计算 0==0，结果为 true。表达式变为 true && x % 100 != 0 || x % 400 == 0。

（3）&&、%和!=中，%优先级最高，所以先计算 x % 100，结果为 0。表达式变为 true && 0 != 0 || x % 400 == 0。

（4）&&、!=和||中，!=优先级最高，所以先计算 0 != 0，结果为 false。表达式变为 true && false || x % 400 == 0。

（5）&&比||优先级高，所以先计算 true && false，结果为 false。表达式变为 false || x % 400 == 0。

（6）||、%和==中，%优先级最高，所以先计算 x % 400，结果为 300。表达式变为 false ||

300 == 0。

（7）||比==优先级低，所以先计算 300 == 0，结果为 false。表达式变为 false || false。

（8）计算 false || false，结果为 false。

2.2.9　表达式中的数据类型转换

表达式中的数据
类型转换

运算符要求操作数具有相应的数据类型。算术运算符要求操作数都是数值类型，字符串运算符要求操作数都是字符串，逻辑运算符要求操作数都是逻辑值。JavaScript 在计算表达式时，会根据运算符自动转换不匹配的数据类型。JavaScript 的常见类型转换如表 2-2 所示。

【例 2-12】 测试数据类型转换。源文件：02\test2-12.html。

```
<html>
<body>
    <script>
        document.write("其他类型转换为数值: ")
        x=1 *"abc"
        document.write('<br>"abc" 转换为: ' + x)
        x = 1 * "125"
        document.write('<br>"125" 转换为: ' + x)
        x = 1 * true
        document.write('<br>true 转换为: ' + x)
        x =1 * false
        document.write('<br>false 转换为: ' + x)
        x = 1 * null
        document.write('<br>null 转换为: ' + x)
        a = new Date()
        x = 1 * a
        document.write('<br>Date 对象 转换为: ' + x)
        document.write("<p>其他类型转换为字符串: ")
        document.write('<br>123.45 转换为: "' + 123.45 + '"')
        document.write('<br>true 转换为: "' + true + '"')
        document.write('<br>false 转换为: "' + false + '"')
        document.write('<br>null 转换为: "' + null + '"')
        var a1
        document.write('<br>' + a1 + ' 转换为: "' + a1 + '"')
        a = new Date()
        document.write('<br>Date 对象 转换为: "' + a + '"')
        document.write("<p>其他类型转换为逻辑值: ")
        x = "abc" ? true : false
        document.write('<br>"abc" 转换为: ' + x)
        x = "" ? true : false
        document.write('<br>空字符串"" 转换为: '+x)
        x = 0 ? true : false
        document.write('<br>0 转换为: ' + x)
        x = (1 * "abc") ? true : false
        document.write('<br>NaN 转换为: ' + x)
        x = 123 ? true : false
        document.write('<br>123 转换为: ' + x)
```

```
        var abc
        x = abc ? true : false
        document.write('<br>' + abc + ' 转换为: ' + x)
        x = null ? true : false
        document.write('<br>null 转换为: ' + x)
        a = new Date()
        x = a ? true : false
        document.write('<br>Date 对象 转换为: ' + x)
    </script>
</body>
</html>
```

浏览器中的输出结果如图 2-15 所示。

图 2-15　测试数据类型转换

2.3　流程控制语句

JavaScript 流程控制语句包括 if 语句、switch 语句、for 循环、while 循环、do/while 循环、continue 语句和 break 语句等。

if 语句

2.3.1　if 语句

if 语句用于实现分支选择，根据条件成立与否，执行不同的代码块。if 语句有3 种格式。

1. 格式一

```
if(条件表达式){
    代码块
}
```

如果条件表达式计算结果为 true，则执行花括号中的代码块，否则跳过 if 语句，执行后续代码。如果代码块中只有一条语句，可省略花括号。

```
if (x%2==0)
    document.write(x+"是偶数");
```

2. 格式二

```
if(条件表达式){
    代码块 1
}else{
    代码块 2
}
```

如果条件表达式计算结果为 true，则执行代码块 1 中的语句，否则执行代码块 2 中的语句。

```
if(x%2==0)
    document.write(x+"是偶数");
else
    document.write(x+"是奇数");
```

3. 格式三

```
if(条件 1){
    代码块 1
}else if(条件 2) {
    代码块 2
}
…
else if(条件 n) {
    代码块 n
} else {
    代码块 n+1
}
```

JavaScript 依次判断各个条件，只有在前一个条件表达式计算结果为 false 时，才计算下一个条件。当某个条件表达式计算结果为 true 时，执行对应的代码块。对应代码块中的语句执行完后，if 语句结束。只有在所有条件表达式的计算结果均为 false 时，才会执行 else 部分的代码块。else 部分可以省略。

```
if(x<60)
    document.write(x+"分，不及格! ");
else if(x<70)
    document.write(x+"分，及格! ");
else if(x<90)
    document.write(x+"分，中等! ");
else
    document.write(x+"分，优秀! ");
```

【例 2-13】 使用 if 语句，根据页面中输入的内容给出评语。源文件：02\test2-13.html。

```
<html>
<body>
```

```html
<script>
    function rate() {
        x = document.getElementById("score").value;
        if (x < 0 || x > 100)
            y = "无效成绩！"
        else if (x < 60)
            y = "不及格！";
        else if (x < 70)
            y = "及格！";
        else if (x < 90)
            y = "中等！";
        else
            y = "优秀！";
        document.getElementById("out").innerText = y;
    }
</script>
<form>
    请输入分: <input type="text" id="score" value="0" size="5" />
    <input type="button" value="显示评语" onclick="rate()" />
    <br>评语: <span id="out" />
</form>
</body>
</html>
```

　　脚本中定义了一个 rate() 函数，该函数根据输入输出不同的评语。rate() 函数作为按钮的 onclick 属性值，在单击按钮时调用。在浏览器中打开 HTML 文档后，输入不同的分数，单击"显示评语"按钮显示评语，如图 2-16 所示。

图 2-16　使用 if 语句

2.3.2　switch 语句

switch 语句用于实现多分支选择，其基本格式如下。

```
switch(n){
    case 标号 1:
        代码块 1
        break;
    case 标号 2:
        代码块 2
        break;
    ...
    case 标号 n:
        代码块 n
```

```
        break;
    default:
        代码块 n+1
    }
```

每个 case 关键字定义一个标号，标号不区分大小。default 部分可以省略。switch 语句执行时，首先计算 n 的值，然后依次测试 case 标号是否与 n 值匹配，如果匹配则执行对应的代码块中的语句，否则测试下一个 case 标号是否匹配。如果所有标号均不匹配，则执行 default 部分的代码块（如果有的话）。

每个 case 块末尾的 break 用于跳出 switch 语句。break 不是必需的。如果没有 break，JavaScript 会在该 case 块中的语句执行结束后，继续执行后面的 case 块，直到遇到 break 或 switch 语句结束。

【例 2-14】 使用 switch 语句改造例 2-13。源文件：02\test2-14.html。

```html
<html>
<body>
    <script>
        function rate() {
            x = document.getElementById("score").value;
            x = Math.floor(x / 10);            //x 除以 10 后取整数部分
            switch (x) {
                case 0:
                case 1:
                case 2:
                case 3:
                case 4:
                case 5:
                    y = "不及格! ";  break;
                case 6:
                    y = "及格! ";  break;
                case 7:
                case 8:
                    y = "中等! ";  break;
                case 9:
                case 10:
                    y = "优秀! ";  break;
                default:
                    y = "无效成绩! ";
            }
            document.getElementById("out").innerText = y;
        }
    </script>
    <form>
        请输入分: <input type="text" id="score" value="0" size="5" />
        <input type="button" value="显示评语" onclick="rate()" />
        <br>评语: <span id="out" />
    </form>
</body>
</html>
```

浏览器中的运行结果如图 2-17 所示。

图 2-17　使用 switch 语句

switch 语句的 case 标号除了可以用数值外，也可使用字符串。

【例 2-15】　使用 switch 语句实现颜色选择。源文件：02\test2-15.html。

```
<html>
<body>
    <span id="show" style="{color:#000000}">请选择颜色: </span>
    <select id="getcolor" onchange="changecolor()">
        <option value="black">黑色</option>
        <option value="green">绿色</option>
        <option value="blue">蓝色</option>
    </select>
    <script>
    function changecolor(){
        x = document.getElementById("getcolor").value;
        switch(x){
            case "black":
                y="#000000";
                break;
            case "green":
                y="#00FF00";
                break;
            case "blue":
                y="#0000FF";
        }
        document.getElementById("show").style.color=y;
    }
    </script>
</body>
</html>
```

浏览器中的运行结果如图 2-18 所示。下拉列表用于选择颜色，并在下拉列表的 change 事件中调用函数完成颜色修改。下拉列表返回值为字符串，在函数中用 switch 语句实现分支选择，确定应使用的颜色。

图 2-18　使用 switch 语句实现颜色选择

2.3.3　for 循环

for 循环基本语法格式如下。

```
for(初始化;条件;增量){
```

for 循环

```
        循环体
    }
```

for 循环执行步骤如下。

（1）执行初始化。

（2）计算条件，若结果为 true，则执行第（3）步，否则结束循环。

（3）执行循环体。

（4）执行增量操作，转到第（2）步。

初始化操作可以放在 for 循环前面完成，增量部分可放在循环体内完成。条件表达式应有计算结果为 false 的机会，否则会构成"死循环"。

【例 2-16】 使用 for 循环计算 1+2+3+…+100。源文件：02\test2-16.html。

```html
<html>
<body>
    <script>
        var s = 0
        for (var n = 1; n <= 100; n++) {
            s+=n
        }
        document.write("1+2+3+...+100 = " + s)
    </script>
</body>
</html>
```

浏览器中的运行结果如图 2-19 所示。

图 2-19　使用 for 循环

2.3.4　while 循环

while 循环基本语法格式如下。

```
while(条件){
    循环体
}
```

while 循环执行时首先计算条件，若结果为 true，则执行循环体，否则结束循环。每次执行完循环体后，重新计算条件。

【例 2-17】 使用 while 循环计算阶乘。源文件：02\test2-17.html。

```html
<html>
<body>
    <script>
        var s = 1, n = 1, x = 5, y = 10
```

```
        while (n <= x) {
            s *= n
            n++
        }
        document.write(x + "! = " + s)
        n=1
        while (n <= y) {
            s *= n
            n++
        }
        document.write("<br>"+y + "! = " + s)
    </script>
</body>
</html>
```

浏览器中的运行结果如图 2-20 所示。

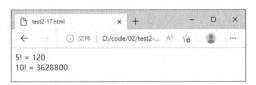

图 2-20   使用 while 循环

2.3.5　do/while 循环

do/while 循环是 while 循环的变体，其基本格式如下。

```
do{
    循环体
}while(条件);
```

do/while 循环与 while 循环类似，都是在条件为 true 时执行循环体。区别是，while 循环在一开始就测试条件，如果条件不为 true，则一次也不执行循环。do/while 循环在执行一次循环后才测试条件，所以至少执行一次循环。

【例 2-18】　使用 do/while 循环计算阶乘。源文件：02\test2-18.html。

```
<html>
<body>
    <script>
        var s = 1, n = 1, x = 6, y = 11
        do{
            s *= n
            n++
        } while (n <= x)
        document.write(x + "! = " + s)
        n=1
        do {
            s *= n
            n++
```

```
        } while (n <= y)
        document.write("<br>"+y + "! = " + s)
    </script>
</body>
</html>
```

浏览器中的运行结果如图 2-21 所示。

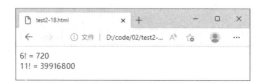

图 2-21　使用 do/while 循环

2.3.6　continue 语句

continue 语句用于终止本次循环，开始下一次循环。continue 语句只能放在循环内部，在其他位置使用会出错。

continue 语句语法格式如下。

```
continue
continue 标号
```

不带标号的 continue 只作用于当前所在的循环，带标号时作用于标号处的循环。

【例 2-19】　使用 continue。源文件：02\test2-19.html。

```
<html>
<body>
    <script>
        outloop:
        for (var i = 1; i < 10; i++) {
            for (var j = 1; j < 10; j++) {
                document.write(i + "×" + j + "=" + i * j + " ")
                if (j >= i) {
                    document.write("<br>")
                    continue outloop
                }
            }
        }
    </script>
</body>
</html>
```

浏览器中的运行结果如图 2-22 所示。

脚本中的"continue outloop"语句表示开始下一次 outloop 标号处的外层循环，该语句在此处等价于 break。如果去掉语句中的标号，则开始当前循环结构的下一次循环，将会得到不同的结果。

当 continue 用在 while 或 do/while 循环中时会转移到条件计算，然后在条件为 true 时开始下一次循环，否则结束循环。

图 2-22　使用 continue 语句

for 循环中的 continue 会转移到增量部分，执行增量操作后再计算循环条件。

break 语句

2.3.7　break 语句

break 语句的第一种格式如下。

```
break
```

这种格式的 break 语句用于跳出循环或 switch 语句，并且必须放在循环或 switch 语句内部，否则会出错。

break 语句的第二种格式如下。

```
break 标号
```

这种格式中的标号标示的必须是一个封闭语句或代码块，例如循环、if 语句或花括号括起来的代码块等。带标号的 break 语句用于跳出封闭语句或代码块，让程序流程转移到标号标示的语句。

【例 2-20】　输出 100 以内的素数。源文件：02\test2-20.html。

素数指不能被除数 1 和它本身之外的数整除的数。例如，3、5、7 都是素数。判断素数的程序基本结构如下。

```
for(x=2;x<n;n++){
    if(n%x==0) break;
}
if(x==n){
    ... //n 是素数
}else{
    ... //n 不是素数
}
```

HTML 代码如下。

```
<html>
<body>
    <script>
        document.write("100 以内的素数: <br>")
        var count = 0, s = ""
        for (y = 2; y < 100; y++) {
            for (x = 2; x < y; x++) {
                if (y % x == 0) break;
```

```
            }
        if (x == y) {
            s = s + "  " + y;      //将素数连接成字符串
            count++;                          //统计素数个数
            if (count % 10 == 0)
                s = s + "<br>";              //添加换行符
        }
        }
        document.write(s)
    </script>
</body>
</html>
```

浏览器中的运行结果如图 2-23 所示。

图 2-23　输出 100 以内的素数

编程实践：根据
用户选择显示名
著作品作者信息

2.4　编程实践：根据用户选择显示名著作品作者信息

本节综合应用本章所学知识，创建一个 HTML 文档，根据用户选择的四大名著作品名称显示作者信息，如图 2-24 所示。

图 2-24　根据用户选择显示作者信息

具体操作步骤如下。

（1）在 VS Code 中选择"文件\新建文本文件"命令，新建一个文本文件。

（2）单击"选择语言"选项，打开语言列表。在语言列表中单击"HTML"，将语言设置为 HTML。

（3）在编辑器中输入如下代码。

```
<html>
<body>
    请选择作品名称:
    <select id="getname" onchange="selectName()">
        <option value="a">红楼梦</option>
        <option value="b">水浒传</option>
        <option value="c">西游记</option>
        <option value="d">三国演义</option>
```

```
    </select>
    <br/>
    <span id="show"></span>
    <script>
        function selectName(){
            x = document.getElementById("getname").value;
            switch(x){
                case "a":
                    y="《红楼梦》的作者为曹雪芹"; break;
                case "b":
                    y="《水浒传》的作者为施耐庵"; break;
                    case "c":
                    y="《西游记》的作者为吴承恩"; break;
                case "d":
                    y="《三国演义》的作者为罗贯中";
            }
            document.getElementById("show").innerText=y;
        }
    </script>
</body>
</html>
```

（4）按【Ctrl+S】组合键保存文件，文件名为 test2-21.html。

（5）按【Ctrl+F5】组合键运行文件，查看运行结果。

2.5　小结

本章主要介绍了 JavaScript 核心语法中的基础部分，包括数据类型、变量、运算符、表达式，以及流程控制语句——if 语句、switch 语句、for 循环、while 循环、do/while 循环、continue 语句和 break 语句。这些内容是使用 JavaScript 进行脚本设计的必备基础。

2.6　习题

一、填空题

1. JavaScript 类型可分为两类：原始类型和＿＿＿＿＿类型。

2. bigint 类型用于表示＿＿＿＿＿位整数。

3. 字符串中的转义字符以符号＿＿＿＿＿开始。

4. 用 var 声明一个变量后，其默认值为＿＿＿＿＿。

5. 在代码块内部使用的 let 和 const 声明的变量为＿＿＿＿＿。

6. switch 语句的 default 部分＿＿＿＿＿省略。

7. continue 语句只能放在循环＿＿＿＿＿，在其他位置使用会出错。

8. for 循环的循环体最少执行＿＿＿＿＿次。

9. |、%和==中，＿＿＿＿＿优先级最高。

10. 执行语句 a = 5，b = 8；c = a > b？a：b 后，变量 c 的值为＿＿＿＿＿。

47

二、操作题

1. 编写一个 HTML 文档，输入 3 个数，按从小到大的顺序显示这 3 个数，运行结果如图 2-25 所示。

2. 编写一个 HTML 文档，使用 JavaScript 脚本输出字符图形，运行结果如图 2-26 所示。

图 2-25　操作题 1 运行结果

图 2-26　操作题 2 运行结果

3. 编写一个 HTML 文档，使用 JavaScript 脚本输出数字图形，运行结果如图 2-27 所示。

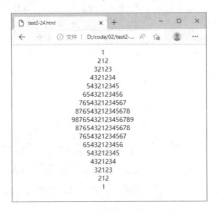

图 2-27　操作题 3 运行结果

4. 编写一个 HTML 文档，在浏览器中输出 100 以内所有偶数的和，运行结果如图 2-28 所示。

5. 编写一个 HTML 文档，在浏览器中输出 3 位整数中的所有对称数（个位和百位相同），运行结果如图 2-29 所示。

图 2-28　操作题 4 运行结果

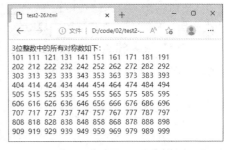

图 2-29　操作题 5 运行结果

第3章

数组和函数

重点知识：	数组
	函数
	内置函数

数组（Array）是一组数据的集合，用来存储连续的多个数据，以便对数据做统一处理。当某一段代码需要重复使用时，可以将其定义为函数。JavaScript 提供了大量特定功能的内置函数用于处理特定类型的数据。本章将介绍数组、函数、内置函数的相关内容。

3.1 数组

数组是一组相关数据的有序集合，其中的数据项被称为数组元素。数组元素在数组中的位置称为索引或者下标，索引最小值为 0。数组元素用数组名和下标来表示，例如，假设 a 数组中有 3 个数组元素，这 3 个元素可表示为 a[0]、a[1]和 a[2]。

JavaScript 是弱类型的，所以数组中的各个数组元素可存放不同类型的数据，甚至可以是对象或数组。JavaScript 不支持多维数组，但可通过在数组元素中保存数组来模拟多维数组。

JavaScript 的数组本质上也是一种对象，数组的类型为 object。

3.1.1 创建数组

可用下面的几种方式创建数组。

创建数组

- 使用数组字面量。
- 使用...扩展操作符。
- 使用 Array()函数。
- 使用 Array.of()方法。
- 使用 Array.from()方法。

1. 使用数组字面量创建数组

数组字面量是用"["和"]"符号括起来的一组数据，用逗号分隔。可将数组字面量赋给变量。

```
var a = []                          //创建一个空数组
var b = [ 1 , 2 , 3 ]               //b[0]=1、b[1]=2、b[2]=3
var c = [ "abc" , true , 100 ]      //c[0]="abc"、c[1]=true、c[2]=100
```

数组元素也可以是数组。

```
var a = [ [ 1 , 2 ] , [ 3 , 4 , 5 ] ]    //a[0][0]=1、a[0][1]=2、a[1][0]=3、a[1][1]=4、a[1][2]=5
```

2．使用...扩展操作符创建数组

...扩展操作符将可迭代对象解析为数组元素。

```
var a = [ 1 , 2 , 3 ]
var b = ["a" , ...a , "b"]          //b=["a" , 1 , 2 , 3 , "b"]
var b = [..."abc"]                  //b=["a" , "b" , "c"]
```

3．使用 Array()函数创建数组

Array()函数是数组对象的构造函数，可用它来创建数组。不提供参数时，Array()函数创建一个空数组（空数组长度为0）。

```
var a=new Array()                   //创建一个空数组
```

参数为一个数值时，Array()函数将其作为数组长度来创建指定长度的数组。

```
var a=new Array(5)                  //创建有5个元素的数组，元素初始值为undefined
```

参数为多个值时，Array()函数将这些值作为数组元素来创建数组。

```
var b=new Array(1,true,"abc")       //b[0]=1、b[1]=true、b[2]= "abc"
```

4．使用 Array.of()方法创建数组

Array.of()方法将参数作为数组元素来创建数组。

```
var a = Array.of( )                 //创建一个空数组
var b = Array.of( 5 )              //创建数组为[5]
var c = Array.of( 1 , 2 , 3 )     //c = [ 1 , 2 , 3 ]
```

5．使用 Array.from()方法创建数组

Array.from()方法使用可迭代对象或者类数组对象来创建数组。

```
var a = Array.from( [ 1 , 2 , 3 ] )   //复制数组，a = [ 1 , 2 , 3 ]
var b = Array.from("abc")             //b=["a" , "b" , "c"]
```

3.1.2　使用数组

1．使用数组元素

数组元素通过数组名和下标进行引用。一个数组元素等同于一个变量，可以为数组元素赋值，或将其用于各种运算。

使用数组

【例3-1】　使用数组元素。源文件：03\test3-1.html。

```
<html>
<body>
    <script>
        var a = new Array(3)        //创建数组
        a[0] = 1                    //为数组元素赋值
```

```
        a[1] = 2
        a[2] = a[1] + a[0]                          //将数组元素用于计算
        document.write('a[0]=')
        document.write(a[0])                        //直接输出数组元素
        document.write('<br>a[1]=' + a[1])          //数组元素用于字符串连接
        document.write('<br>a[2]=' + a[2])
        document.write('<br>a=' + a)                //数组用于字符串连接
    </script>
</body>
</html>
```

在浏览器中的运行结果如图 3-1 所示。

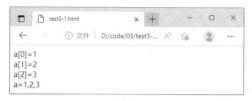

图 3-1　使用数组元素

在将数组用于字符串操作时，JavaScript 会调用数组对象的 toString()方法将其转为字符串。JavaScript 的大多数内置对象均有 toString()方法，用于将对象转换为字符串。

2. 使用多维数组

JavaScript 没有多维数组的概念，但可在数组元素中保存数组，从而实现多维数组。

【例 3-2】　在数组元素中存放数组。源文件：03\test3-2.html。

```
<html>
<body>
    <script>
        var a = new Array(3)
        a[0] = 1
        a[1] = new Array(1,2)                  //将数组存入数组元素
        a[2] = new Array('ab', 'cd', 'ef')
        document.write('a[0]=' + a[0] + " 其数据类型为: " + typeof a[0])
        document.write('<br>a[1]=' + a[1] + " 其数据类型为: " + typeof a[1])
        document.write('<br>a[2]=' + a[2] + " 其数据类型为: " + typeof a[2])
    </script>
</body>
</html>
```

在浏览器中的运行结果如图 3-2 所示。

图 3-2　在数组元素中存放数组

3. 数组下标范围

在 JavaScript 中，数组下标最小值为 0，最大值为数组长度减 1。JavaScript 没有数组下标超出范围的概念。当使用了超出范围的下标时，JavaScript 不会报错，引用的数组元素相当于未声明的变量，其值为 undefined。对超出范围的下标引用的数组元素赋值时，会为数组添加数组元素。

【例 3-3】 使用下标超出范围的数组元素。源文件：03\test3-3.html。

```html
<html>
<body>
    <script>
        var a = new Array(1,2,3)
        document.write('数组 a=' + a + '<br>')
        document.write('a[4]=' + a[4]+'<br>')        //a[4]不存在，下标超出了范围
        x = a[4] + 100                                //计算 undefined + 100
        document.write('a[4] + 100=' + x)
        a[4] = "abcd"                                 // a[4]不存在，为数组添加该元素
        document.write('<br>赋值后，a[4]=' + a[4])
        document.write('<br>数组 a=' + a + '<br>')
    </script>
</body>
</html>
```

在浏览器中的运行结果如图 3-3 所示。

图 3-3　使用下标超出范围的数组元素

4. 使用数组赋值

JavaScript 允许将数组赋给变量。将引用数组的变量赋给另一个变量时，使得两个变量引用同一个数组。将一个数组赋给变量意味着改变了变量的引用，使其引用新的数组。

【例 3-4】 使用数组赋值。源文件：03\test3-4.html。

```html
<html>
<body>
    <script>
        var a = new Array(1, 2, 3)
        var b=a
        document.write('数组 a=' + a + '<br>')
        document.write('数组 b=' + b + '<br>')
        b[0] = 100
        document.write('数组 a=' + a + '<br>')
        document.write('数组 b=' + b + '<br>')
```

```
            a = ['ab', 'cd']
            document.write('数组a=' + a + '<br>')
            document.write('数组b=' + b + '<br>')
            document.write('a[2]=' + a[2])        //a[2]的值为 undefined，说明原来的数组已被覆盖
        </script>
    </body>
</html>
```

在浏览器中的运行结果如图 3-4 所示。

图 3-4　使用数组赋值

5. 添加、删除数组元素

JavaScript 中的数组长度是不固定的，对不存在的数组元素赋值时，会将其添加到数组中。

```
var a = new Array()         //创建一个空数组
a[0] = 1                    //添加数组元素
a[1] = 2
```

delete 关键字可用于删除数组元素。

```
delete a[1]                 //删除 a[1]
```

需注意的是，delete 的实质是删除变量所引用的内存单元。使用 delete 删除一个数组元素后，数组的大小不会改变。引用一个被删除的数组元素，得到的值为 undefined。

【例 3-5】　添加、删除数组元素。源文件：03\test3-5.html。

```
<html>
<body>
    <script>
        var a = new Array()                         //创建一个空数组
        a[0] = 1                                    //添加数组元素
        a[1] = 2
        a[2] = 3
        document.write('数组长度为: ' + a.length)
        for (i = 0; i < 3; i++)
            document.write("<br>a[" + i + "]=" + a[i])  //输出数组元素
        delete a[1]                                 //删除 a[1]
        document.write('<br>delete a[1]后，数组长度为: ' + a.length)
        for (i = 0; i < 3; i++)
            document.write("<br>a[" + i + "]=" + a[i])  //输出数组元素
    </script>
</body>
</html>
```

在浏览器中的运行结果如图 3-5 所示。

图 3-5　添加、删除数组元素

6. 数组迭代

数组通常结合循环实现数组迭代（或者叫数组元素遍历）。因为数组下标最小值为 0，最大值为数组长度减 1，一般情况下，对数组 a 用 for 循环 "for (var i = 0; i < a.length; i++)" 即可实现数组迭代。如果数组元素已经使用 delete 删除，或者通过赋值语句给一个下标较大的不存在的数组元素赋值，就会导致数组包含一些不存在的元素。使用 for/in 循环可忽略不存在的元素。

【例 3-6】 数组迭代操作。源文件：03\test3-6.html。

```html
<html>
<body>
    <script>
        var a = new Array(100, 200, 300, 400, 500)
        for (i = 0, len = a.length; i < len; i++)
            a[i] += 10                                    //每个数组元素加上 10
        document.write('<br>标准 for 循环遍历数组元素: ')
        for (i = 0, len = a.length; i < len; i++)
            document.write(a[i] + "  ")         //输出数组元素
        for (x in a)
            a[x] += 20                                    //每个数组元素加上 20
        document.write('<br>for/in 循环遍历数组元素: ')
        for (x in a)
            document.write(a[x] + "  ")         //输出数组元素
        delete a[1]                                       //a[1]被删除，不存在了
        a[7] = 700                                        //a[5]、a[6]不存在
        document.write('<br>标准 for 循环遍历数组元素: ')
        for (i = 0, len = a.length; i < len; i++)
            document.write(a[i] + "  ")         //输出数组元素
        document.write('<br>for/in 循环遍历数组元素: ')
        for (x in a)
            document.write(a[x] + "  ")         //输出数组元素
    </script>
</body>
</html>
```

在浏览器中的运行结果如图 3-6 所示。

脚本中使用了两种 for 循环。标准的 for 循环"for (i = 0, len = a.length; i < len; i++)"中，循环变量 i 用来迭代数组下标。注意，这里的"len = a.length"只执行一次。如果将 for 循环改为"for (i = 0; i < a.length; i++)"，则每次循环都会查询数组的长度，效率降低了。

for/in 循环通常用于迭代对象的属性，在本例的

标准for循环遍历数组元素：110 210 310 410 510
for/in循环遍历数组元素：130 230 330 430 530
标准for循环遍历数组元素：
130 undefined 330 430 530 undefined undefined 700
for/in循环遍历数组元素：130 330 430 530 700

图 3-6　数组迭代操作

"for (x in a)"中，x 用于迭代数组 a 的有效下标。也可用 for(x of a)循环处理可迭代对象，其中，x 依次迭代 a 的每个成员。

3.1.3　数组的属性

1. length 属性

数组的 length 属性用于获得数组长度，例如，a.length 获得数组 a 的长度。JavaScript 数组的长度是可变的，通过为不存在的数组元素赋值的方式添加数组元素时，数组的长度也随之变化。

```
var a = new Array(1, 2, 3)          //创建数组，数组长度为 3
a[5] = 10                           //添加一个数组元素，数组长度变为 6
```

数组 a 的原长度为 3，执行"a[5] = 10"后，其长度变为 6。因为数组的长度始终为最后一个元素的下标加 1。数组中没有赋值的元素的值为 undefined。

数组长度为数组中元素的个数。因为数组元素下标从 0 开始，所以数组下标范围为 0 到数组长度减 1。

JavaScript 允许修改 length 属性。

```
a.length=5
```

上面的语句将数组 a 的长度修改为 5。如果修改后的长度小于原来长度，超出新长度的数组元素将丢失。如果新长度超出原长度，增加的数组元素初始值为 undefined。

【例 3-7】　使用数组的 length 属性。源文件：03\test3-7.html。

```
<html>
<body>
    <script>
        var a = new Array(1,2)
        document.write('数组长度为: ' + a.length)
        a.length = 3
        document.write('<br>修改后，数组长度为: ' + a.length)
        for (var i = 0; i < a.length;i++)
            document.write(" a[" + i + "]=" + a[i] + '  ')
        a[2] = 3
        a[3] = 4                                //添加数组元素
        document.write('<br>数组长度为: ' + a.length)
        for (var i = 0; i < a.length; i++)
```

```
        document.write(" a[" + i + "]=" + a[i] + '  ')
    a.length = 2                           //减小数组长度，超出范围的数组元素被删除
    document.write('<br>数组长度为: ' + a.length)
    for (var i = 0; i < a.length; i++)
        document.write(" a[" + i + "]=" + a[i] + '  ')
    a.length = 5                           //增加数组长度，增加的数组元素初始值为 undefined
    document.write('<br>数组长度为: ' + a.length)
    for (var i = 0; i < a.length; i++)
        document.write(" a[" + i + "]=" + a[i] + '  ')
    </script>
</body>
</html>
```

在浏览器中的运行结果如图 3-7 所示。

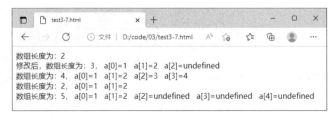

图 3-7　使用数组的 length 属性

2. prototype 属性

对象的 prototype 属性用于为对象添加自定义的属性或方法。为数组添加自定义属性或方法的基本语法格式如下。

```
Array.prototype.name = value
```

其中，name 为自定义的属性或方法名称，value 为表达式或者函数。自定义属性和方法对当前 HTML 文档中的所有数组有效。

【例 3-8】　为数组添加自定义属性和方法。源文件：03\test3-8.html。

```
<html>
<body>
    <script>
        Array.prototype.tag="test3-8.html"           //添加自定义属性
        Array.prototype.sum = function () {           //添加自定义方法，对数组中的所有元素求和
            var s = 0
            for (var i = 0; i < this.length;i++)
                s += this[i]
            return s
        }
        Array.prototype.print = function () {         //添加自定义方法，将数组中的所有元素输出到浏览器
            for (var i = 0; i < this.length; i++)
                document.write(this[i] +"  ")
        }
        var a = new Array(1, 2, 3, 4, 5)
        document.write('当前环境: ' + a.tag)
```

```
        document.write('<br>数组 a 中的数据为: ')
        a.print()
        document.write('<br>数组 a 中的数据的和为: ' + a.sum())
        var b = new Array(2,4,6)
        document.write('<br><br>当前环境: ' + b.tag)
        document.write('<br>数组 b 中的数据为: ')
        b.print()
        document.write('<br>数组 b 中的数据的和为: ' + b.sum())
    </script>
</body>
</html>
```

在浏览器中的运行结果如图 3-8 所示。

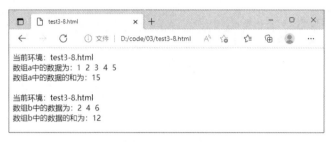

图 3-8　为数组添加自定义属性和方法

3.1.4　操作数组的方法

JavaScript 内置的 Array 类提供了一系列方法用于操作数组。

操作数组的方法

1. 连接数组

join()方法用于将数组中的所有元素连接成一个字符串,字符串中的各个数据默认用逗号分隔。也可为 join()方法指定一个字符串作为分隔符。

基本语法格式为如下。

```
a.join()            //将数组 a 中的数据连接成逗号分隔的字符串
a.join(x)           //将数组 a 中的数据连接成变量 x 中的字符串分隔的字符串
```

【例 3-9】　使用 join()方法。源文件: 03\test3-9.html。

```
<html>
<body>
    <script>
        var a = new Array(1, 2, 3)
        document.write(a.join())                //输出 1,2,3
        document.write('<br>')
        document.write(a.join('@#'))            //输出 1@#2@#3
    </script>
</body>
</html>
```

在浏览器中的运行结果如图 3-9 所示。

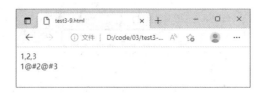

图 3-9　使用 join()方法

2. 逆转元素顺序

reverse()方法将数组元素以相反的顺序存放。基本语法格式如下。

```
a.reverse()
```

【例 3-10】　逆转元素顺序。源文件：03\test3-10.html。

```html
<html>
<body>
    <script>
        var a = new Array(1, 2, 3)
        document.write('逆转前: ' + a)
        a.reverse()
        document.write('<br>逆转后: ' + a)
    </script>
</body>
</html>
```

在浏览器中的运行结果如图 3-10 所示。

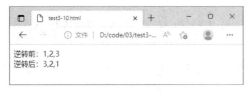

图 3-10　使用 reverse()方法

3. 数组排序

sort()方法用于对数组排序。默认情况下，数组元素按字母顺序排列，数值会转换为字符串进行排序。

如果要对数字数组进行排序，可以为 sort()方法提供一个排序函数作为参数，排序函数定义排序规则然后根据排序规则来指定数组中两个元素的相对顺序。排序函数有两个参数，假设为 x 和 y。若需 x 排在 y 之前，则排序函数应返回一个小于 0 的值。若需 x 排在 y 之后，则排序函数应返回一个大于 0 的值。若两个参数的位置无关紧要，排序函数返回 0。使用排序函数时，sort 方法将两个数组作为排序函数的参数，根据排序函数的返回值决定数组元素的先后顺序。

【例 3-11】　数组排序。源文件：03\test3-11.html。

```html
<html>
<body>
    <script>
        var b = ["One", "Two", "Three", "Four"]
        document.write('排序前: ' + b)
```

```
            b.sort()
            document.write('<br>排序后: ' + b)
            var b = ["李白", "陶渊明", "孟浩然", "苏轼"]
            document.write('<br><br>排序前: ' + b)
            b.sort()
            document.write('<br>排序后: ' + b)
            var c = [2, 12, 3, 23]
            document.write('<br><br>排序前: ' + c)
            c.sort()
            document.write('<br>排序后: ' + c)
            var b = [2, 12, 3, 23]
            document.write('<br><br>排序前: ' + b)
            b.sort(function (x, y) { return x - y })
            document.write('<br>排序后: ' + b)
            b.sort(function (x, y) { return y - x })
            document.write('<br>排序后: ' + b)
    </script>
</body>
</html>
```

在浏览器中的运行结果如图 3-11 所示。

图 3-11　数组排序

4. 取子数组

slice()方法用于从数组中取子数组，其基本语法格式如下。

数组名.slice(x,y)

从数组中返回下标范围为 x~y-1 的子数组。如果省略 y，则返回从 x 开始到最后的全部数组元素。如果 x 或 y 为负数，则作为最后一个元素的相对位置，如-1 为倒数第 2 个元素位置。

【例 3-12】 使用 slice()方法。源文件: 03\test3-12.html。

```
<html>
<body>
    <script>
        var a = [1, 2, 3, 4, 5, 6, 7]
        document.write('原数组: ' + a)
        document.write('<br>a.slice(1, 4)= ' + a.slice(1, 4))
        document.write('<br>a.slice(4)= ' + a.slice(4))
```

```
        document.write('<br>a.slice(1, -1)= ' + a.slice(1, -1))
        document.write('<br>a.slice(-3, -1)= ' + a.slice(-3, -1))
    </script>
</body>
</html>
```

在浏览器中的运行结果如图 3-12 所示。

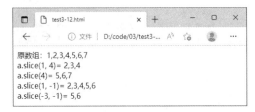

图 3-12　使用 slice() 方法

5. splice() 方法

splice() 方法用于添加或删除数组元素，其基本语法格式如下。

```
数组名.splice(m,n,x1,x2,...)
```

其中，m 为开始元素下标，n 为从数组中删除的元素个数。x1、x2 等是要添加到数组中的数据，可以省略。splice() 方法同时会返回删除的数组元素。

【例 3-13】　添加、删除数组元素。源文件：03\test3-13.html。

```
<html>
<body>
    <script>
        var b = [1, 2, 3, 4, 5, 6, 7]
        document.write('原数组: ' + b)
        a = b.splice(3, 2)
        document.write('<br>a=' + a + " b=" + b)
        a = b.splice(2, 2, "a", "b", "c")
        document.write('<br>a=' + a + " b=" + b)
    </script>
</body>
</html>
```

在浏览器中的运行结果如图 3-13 所示。

图 3-13　添加、删除数组元素

6. push() 和 pop() 方法

push() 和 pop() 方法用于实现数组的堆栈操作（先进后出）。push() 方法将数据添加到数组末尾，返回数组长度。pop() 方法返回数组中的最后一个元素，数组长度减 1。

【例 3-14】 数组的堆栈操作。源文件：03\test3-14.html。

```html
<html>
<body>
    <script>
        var a = []
        n = a.push(1, 3, 5)
        document.write('n=' + n + " a=" + a)
        n = a.pop()
        document.write('<br>n=' + n + " a=" + a)
        n = a.push("abc")
        document.write('<br>n=' + n + " a=" + a)
    </script>
</body>
</html>
```

在浏览器中的运行结果如图 3-14 所示。

图 3-14　数组的堆栈操作

7．unshift()和 shift()方法

unshift()和 shift()方法用于实现数组的队列操作（先进先出）。unshift()方法将数据添加到数组开头，并返回新的数组长度。shift()方法返回数组中的第一个元素，所有数组元素依次前移一位，数组长度减 1。

【例 3-15】 数组的队列操作。源文件：03\test3-15.html。

```html
<html>
<body>
    <script>
        var a = []
        n = a.unshift(1, 3, 5)
        document.write('n=' + n + " a=" + a)
        n = a.shift()
        document.write('<br>n=' + n + " a=" + a)
        n = a.unshift("abc")
        document.write('<br>n=' + n + " a=" + a)
    </script>
</body>
</html>
```

在浏览器中的运行结果如图 3-15 所示。

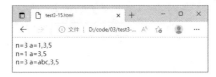

图 3-15　数组的队列操作

8. concat()方法

concat()方法用于将提供的数据合并成一个新的数组，其基本语法格式如下。

```
b = a.concat(x1,x2,x3,…)
```

其中，x1、x2、x3 等是单个的数据或者数组变量。如果是数组变量，则将其中的数据合并到新数组中。变量 b 保存合并后的新数组。

【例 3-16】 合并数组。源文件：03\test3-16.html。

```html
<html>
<body>
    <script>
        var a = [10, 20], b = ['a', 'b']
        c = a.concat(1, 3, 5)
        document.write('<br>a=' + a + ' c=' + c)
        c = a.concat(2, 4, b)
        document.write('<br>a=' + a + ' c=' + c)
    </script>
</body>
</html>
```

在浏览器中的运行结果如图 3-16 所示。

图 3-16 数组合并

3.2 函数

当某一段代码需要重复使用，或者需要对批量数据执行相同操作时，就可使用函数来完成。

3.2.1 定义函数

定义函数

1. 使用 function 关键字定义函数

可用 function 关键字声明函数，基本语法格式如下。

```
function 函数名([参数1，参数2，...]){
        代码块
        [return 返回值]
}
```

在当前脚本中，函数名应该是唯一的。函数参数是可选的，多个参数之间用逗号分隔。花括号中的代码块称为函数体。在函数体中或在函数末尾，可使用 return 语句指定函数返回值。返回值可以是任意的常量、变量或者表达式。没有 return 语句时，函数没有返回值。

例如，下面的函数用于计算两个数的和。

```
function sum(a, b) {
```

```
    return a + b
}
```

2. 在表达式中定义函数

JavaScript 允许在表达式中定义函数。在表达式中定义求和函数如下。

```
var sum2 = function (a, b) {
    return a + b
}
```

3. 使用 Function()构造函数

在 JavaScript 中，函数也是一种对象。函数对象的构造函数为 Function()，可用它来定义函数，其基本语法格式如下。

```
var 变量 = new Function( "参数 1" , "参数 2" ,……, "函数体")
```

例如，下面为用构造函数定义求和函数。

```
var sum3 = new Function("a" , "b" , "return a+b")
```

> **提示** function 关键字定义了一个函数对象，这与 Function()构造函数一致。在语句定义方法中，函数名用于引用定义的函数对象。在表达式或使用 Function()构造函数定义函数时，赋值语句左侧的变量用于引用定义的函数对象。

4. 箭头函数

JavaScript 允许使用箭头"=>"来定义函数表达式——箭头函数。箭头左侧为参数，右侧为函数体。

```
var sum = (x, y) => { return x + y }      //定义函数
sum(2, 5)                                 //函数返回值为 7
```

箭头函数的函数体通常为一个 return 语句。如果要返回对象常量，可将对象常量放在 return 语句或者一对圆括号中。

```
var fruit = (x, y) => { return { type: x, price: y } }    //返回对象常量，标准定义
var fruit2 = (x, y) => ({ type: x, price: y })            //返回对象常量，简略定义
a = fruit('apple', 5)                                     //a={ type: 'apple', price: 5 }
b = fruit2('pear', 4)                                     //b={ type: 'pear', price: 4 }
```

在上述 4 种方法定义的函数中，箭头函数没有 prototype 属性，所以箭头函数不能作为类的构造函数使用。

3.2.2 调用函数

函数调用的基本语法格式如下。

```
函数名(参数)
```

函数名是 function 关键字声明的函数名称，或者是引用函数对象的变量名称。

使用 function 关键字声明函数时，声明可以放在当前 HTML 文档中的任意位置，即允许函数的调用出现在函数定义之前。在表达式中使用 Function()构造函数定义函数时，只能在定义之后通

过变量名来调用函数。

函数可以在脚本中调用，也可以作为 HTML 的事件处理程序或 URL。

【例 3-17】 在脚本中调用函数。源文件：03\test3-17.html。

```html
<html>
<body>
<script>
    document.write('1 + 2 = ' + sum(1, 2))           //在函数 sum()的定义之前调用函数
    function sum(a, b) {
        return a + b
    }
    var sum2 = function (a, b) {
        return a + b
    }
    var sum3 = new Function("a", "b", "return a+b")
    document.write('<br>3 + 4 = ' + sum2(3, 4))       //调用表达式中定义的函数
    document.write('<br>5 + 6 = ' + sum3(6, 5))       //调用构造函数定义的函数
    document.write('<br>7 + 8 = ' + sum(7, 8))        //调用语句中定义的函数
</script>
</body>
</html>
```

浏览器中的运行结果如图 3-17 所示。

图 3-17　在脚本中调用函数

【例 3-18】 将函数作为 HTML 的事件处理程序。源文件：03\test3-18.html。

```html
<html>
<body>
    <script>
    function test() {
        alert("调用了 test()函数")
    }
    </script>
    <button onclick="test()">调用 test()函数</button>
</body>
</html>
```

在浏览器中单击"调用 test()函数"按钮时，会打开提示对话框，如图 3-18 所示。

图 3-18　将函数作为 HTML 的事件处理程序

第 3 章
数组和函数

【例 3-19】 将函数作为 URL。源文件：03\test3-19.html。

```html
<html>
<body>
    <script>
    function test() {
        alert("调用了 test()函数")
    }
    </script>
    <a href="javascript:test()">调用 test()函数</a>
</body>
</html>
```

在浏览器中单击"调用 test()函数"链接时，会打开提示对话框，如图 3-19 所示。

图 3-19　将函数作为 URL

3.2.3　带参数的函数

带参数的函数

声明函数指定的参数称为形式参数，简称形参。调用函数时指定的参数称为实际参数，简称实参。在调用函数时，实参按先后顺序一一对应地传递给形参。

JavaScript 是弱类型的，形参不需要指定数据类型。JavaScript 不会检查形参和实参的数据类型，也不会检查形参和实参的个数。

1. 函数参数的个数

函数的 length 属性返回形参的个数。在函数内部，arquments 数组保存调用函数时传递的实参。

【例 3-20】 使用 arguments 数组获取实际参数。源文件：03\test3-20.html。

```
<html>
<body>
    <script>
        function getMax(a, b) {
            var max = Number.MIN_VALUE
            var len = arguments.length            //获得实际参数个数
            if (len == 0) {
                document.write("<br>没有传递实际参数!")
                return
            }
            document.write("<br>实际参数: ")
            for (var i = 0; i < len; i++) {
                document.write(arguments[i] +"  ")
                if (arguments[i] > max)
```

65

```
                        max = arguments[i]
            }
            document.write("最大值为: " + max)
        }
        document.write("函数 getMax()形参个数为: " + getMax.length)
        getMax()
        getMax(10, 5)
        getMax(10, 5, 20)
    </script>
</body>
</html>
```

在浏览器中的运行结果如图 3-20 所示。

图 3-20   使用 arguments 数组获取实际参数

2. 使用数组作为参数

在使用表达式作为实参时，形参接收实参的值，所以形参值的改变不会影响到实参。在使用数组作为实参时，形参接收的是数组的引用，即形参和实参引用了同一个数组。这种情况下，通过形参可以改变数组元素的值，在函数外通过实参获得的也是改变后的数组元素值。

【例 3-21】 使用数组作为参数。源文件: 03\test3-21.html。

```
<html>
<body>
    <script>
        function test(x,y) {
            x[0] = "abc"
            y = 100
            document.write("<p>函数内: <br>形参 x = " + x)
            document.write("<br>形参 y = " + y)
        }
        var a = [1, 2], b = 10
        document.write("调用函数前: <br>实参 a = " + a)
        document.write("实参 b = " + b)
        test(a, b)
        document.write("<p>调用函数后: <br>实参 a = " + a)
        document.write("<br>实参 b = " + b)
    </script>
</body>
</html>
```

在浏览器中的运行结果如图 3-21 所示。

图 3-21　使用数组作为实际参数

3. 使用对象作为参数

对象也可作为函数参数（对象的详细内容将在后面的章节中进行介绍）。与数组类似，形参和实参引用的是同一个对象。如果在函数中修改了形参对象属性值，实参对象也会发生属性值的变化。

【例 3-22】　使用对象作为参数。源文件：03\test3-22.html。

```html
<html>
<body>
    <script>
        function test(args) {
            document.write("<p>函数内：<br>args.name = " + args.name)
            document.write("<br>args.age = " + args.age)
            args.name = 'Java'
            args.age=15
            document.write("<br>修改后：<br>args.name = " + args.name)
            document.write("<br>args.age = " + args.age)
        }
        var a = { name: 'JavaScript', age: 25 }
        document.write("调用函数前：<br>a.name = " + a.name)
        document.write("<br>a.age = " + a.age)
        test(a)
        document.write("<p>调用函数后：<br>a.name = " + a.name)
        document.write("<br>a.age = " + a.age)
    </script>
</body>
</html>
```

在浏览器中的运行结果如图 3-22 所示。

图 3-22　使用对象作为实际参数

3.2.4　嵌套函数

在函数内部声明的函数称为嵌套函数，嵌套函数只能在当前函数内部使用。

【例 3-23】　使用嵌套函数，实现两个数组的加法运算（对应元素相加）。源文件：03\test3-23.html。

```
<html>
<body>
    <script>
        function addArray(a, b) {
            function getMax(x, y) { return x > y ? 0 : 1 }        //返回长度较大的数组的序号
            var alen = a.length
            var blen = b.length
            var index = getMax(alen, blen)
            var temp = new Array()                                //创建一个空数组
            for (var i = 0, len = arguments[index].length; i < len; i++)//将较长的数组复制到临时数组中
                temp[i] = arguments[index][i]
            for (var i=0,len=arguments[1-index].length; i < len; i++) //将较短的数组与临时数组做加法
                temp[i] += arguments[1 - index][i]                //做加法
            return temp
        }
        var a = [1, 3, 5]
        var b = [2, 4, 6, 8, 10]
        var c = addArray(a, b)
        document.write('数组 a = ' + a)
        document.write('<br>数组 b = ' + b)
        document.write('<br>数组 a + b = ' + c)
    </script>
</body>
</html>
```

在浏览器中的运行结果如图 3-23 所示。

图 3-23　使用嵌套的函数

3.2.5　递归函数

递归函数是指在函数的内部调用函数自身，形成递归调用。使用递归函数必须注意递归调用的结束条件，若递归调用无法停止，则会导致运行脚本的浏览器崩溃。

【例 3-24】　使用递归函数计算阶乘。源文件：03\test3-24.html。

```
<html>
<body>
```

```
<script>
    function fact(n) {
        if (n <= 1)
            return 1   //递归调用结束
        return n * fact(n - 1) }
    for (var i = 0; i <= 10; i++){
        document.write('<br>'+i + '! = ' + fact(i)) }
</script>
</body>
</html>
```

在浏览器中的运行结果如图 3-24 所示。

图 3-24 使用递归函数计算阶乘

3.3 内置函数

JavaScript 提供了大量内置函数用于处理数据。

1. alert()函数

使用该函数会显示警告对话框，对话框包括一个"确定"按钮。

【例 3-25】 使用 alert()函数。源文件：03\test3-25.html。

```
<html>
<body>
    <script>
        alert("使用 alert()函数显示的对话框")
    </script>
</body>
</html>
```

在浏览器中运行时，会显示图 3-25 所示的对话框。

图 3-25 alert()函数显示的对话框

2. confirm()函数

使用该函数会显示确认对话框，对话框包括"确定"和"取消"按钮。单击"确定"按钮可关闭对话框，函数返回值为 true。使用其他方式关闭对话框时，函数返回值为 false。

【例 3-26】 使用 confirm()函数。源文件：03\test3-26.html。

```html
<html>
<body>
    <script>
        var a = confirm('确认吗？')
        document.write(a)
    </script>
</body>
</html>
```

在浏览器中运行时，首先会显示图 3-26（a）所示的对话框。单击"确定"按钮后，浏览器中输出 true，如图 3-26（b）所示。

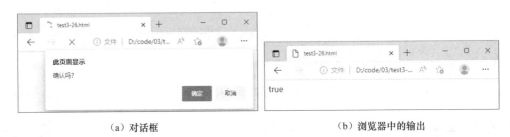

（a）对话框　　　　　　　　　　（b）浏览器中的输出

图 3-26　使用 confirm()函数

3. prompt()函数

prompt()函数用于显示输入对话框。函数的第 1 个参数为提示字符串，第 2 个参数会显示在输入框中。输入数据后，单击"确定"按钮，函数返回值为输入的数据。使用其他方式关闭对话框时，函数返回值为 null。

【例 3-27】 使用 prompt()函数输入数据。源文件：03\test3-27.html。

```html
<html>
<body>
    <script>
        var a = prompt('请输入数据：','input here')
        document.write(a)
    </script>
</body>
</html>
```

在浏览器中运行时，首先会显示图 3-27（a）所示的对话框。输入 123 后，单击"确定"按钮，浏览器中输出了输入的数据，如图 3-27（b）所示。

4. escape()函数和 unescape()函数

escape()函数将字符串中的特殊字符转换成"%××"格式的字符串，××为特殊字符 ASCII 的两位十六进制编码。unescape()函数用于解码由 escape()函数编码的字符。

（a）输入对话框 （b）浏览器中的输出

图 3-27 使用 prompt()函数

5. eval()函数

eval()函数用于计算表达式的结果。

6. isNaN()函数

isNaN()函数在参数是 NaN 值时，返回 true，否则返回 false。

7. parseFloat()函数

parseFloat()函数将字符串转换成小数形式。

8. parseInt()函数

parseInt()函数将字符串转换成指定进制的整数。

【例 3-28】 使用内置函数。源文件：03\test3-28.html。

```html
<html>
<body>
    <script>
        var a = 'I like <b>JavaScript</b>'
        document.write('a = ' + a)
        document.write('<br>escape(a) = ' + escape(a))
        document.write('<br>unescape(escape(a)) = ' + unescape(escape(a)))
        document.write('<br>eval("1+2+3") = ' + eval("1+2+3"))
        document.write('<br>isNaN(1 * "abcd") = ' + isNaN(1 * 'abcd'))
        document.write('<br>isNaN(1 * "123") = ' + isNaN(1 * '123'))
        document.write('<br>parseFloat("12.56") = ' + parseFloat("12.56"))
        document.write('<br>parseFloat("123") = ' + parseFloat("123"))
        document.write('<br>parseFloat("abcd") = ' + parseFloat("abcd"))
        document.write('<br>parseInt("12.56") = ' + parseInt("12.56"))
        document.write('<br>parseInt("abcd") = ' + parseInt("abcd"))
    </script>
</body>
</html>
```

在浏览器中的运行结果如图 3-28 所示。

图 3-28 使用内置函数

3.4 编程实践：模拟汉诺塔移动

编程实践：模拟
汉诺塔移动

本节综合应用本章所学知识，在网页中显示模拟的汉诺塔移动过程，图 3-29 显示了 3 层汉诺塔的移动过程。源文件：03\test3-29.html。

```
初始状态:
柱子1: C,B,A
柱子2:
柱子3:
第 1 次移动: A 1--->3
柱子1: C,B
柱子2:
柱子3: A
第 2 次移动: B 1--->2
柱子1: C
柱子2: B
柱子3: A
第 3 次移动: A 3--->2
柱子1: C
柱子2: B,A
柱子3:
第 4 次移动: C 1--->3
柱子1:
柱子2: B,A
柱子3: C
第 5 次移动: A 2--->1
柱子1: A
柱子2: B
柱子3: C
第 6 次移动: B 2--->3
柱子1: A
柱子2:
柱子3: C,B
第 7 次移动: A 1--->3
柱子1:
柱子2:
柱子3: C,B,A
```

图 3-29　3 层汉诺塔移动模拟过程

汉诺塔问题描述如下：有 3 根木柱，在第 1 根柱子套了 n 个盘子，上面的盘子总是比下面的盘子小。借助第 2 根柱子，将所有盘子移动到第 3 根柱子上。在移动的过程中，必须保持上面的盘子总是比下面的盘子小。

汉诺塔问题用递归模型可描述为如下过程。

第 1 步：将第 1 根柱子上的上面 $n-1$ 个盘子借助第 3 根柱子移动到第 2 根柱子上。

第 2 步：将第 1 根柱子上的剩下的 1 个盘子移动到第 3 根柱子上。

第 3 步：将第 2 根柱子上的 $n-1$ 个盘子借助第 1 根柱子移动到第 3 根柱子上。

用长度为 n 的数组 data 表示要移动的盘子，3 根柱子分别用变量 from、by、to 表示，汉诺塔问题用递归函数表示如下。

$$f(data,from,by,to) = \begin{cases} f(x,from,to,by) & (x\text{ 包含data的后}n-1\text{个元素}) \\ f(y,from,to) & (y\text{ 为data的第1个元素}) \\ f(x,by,from,to) & (x\text{ 包含data的后}n-1\text{个元素}) \end{cases}$$

在 JavaScript 中，可用递归函数来实现上面的汉诺塔问题求解。可用字符串数组表示当前要移动的盘子和 3 根柱子的状态，例如，对于 4 层汉诺塔，['D', 'C', 'B', 'A']表示盘子，二维数组[['D', 'C', 'B', 'A'],[],[]]则可表示柱子的初始状态。移动盘子时用 pop()函数删除对应的一维数组末尾的数组元素，然后用 push()函数将移出的数组元素添加到对应的一维数组末尾。

具体操作步骤如下。

（1）在 VS Code 中选择"文件\新建文本文件"命令，新建一个文本文件。

（2）单击"选择语言"选项，打开语言列表。在语言列表中单击"HTML"，将语言设置为 HTML。

（3）在编辑器中输入如下代码。

```html
<html>
<body>
    <script>
        function hanNuoTa(data, from, by, to) {
            if (data.length==1) {
                count++
                document.write('<br>第 ' + count + ' 次移动: ' + data[0] + '  ' + (from +
1) + '--->' + (to + 1) )
                var cc=data[0]
                //对 stack 执行堆栈操作，反映移动后的结果
                stack[from].pop()
                stack[to].push(data)
                document.write('<br>柱子 1: ' + stack[0])
                document.write('<br>柱子 2: ' + stack[1])
                document.write('<br>柱子 3: ' + stack[2])
            } else {
                var up = data.slice(1)
                var one = [data[0]]
                hanNuoTa(up, from, to, by)
                hanNuoTa(one, from, by, to)
                hanNuoTa(up, by, from, to)
            }
        }
        var count = 0
        var n = parseInt(prompt('请输入汉诺塔层数[3,10]: ', '3'))
        var s = ['A', 'B', 'C', 'D', 'E', 'F', 'G', 'H', 'I', 'J', 'K', 'H']
        var h = new Array()              //h 保存当前移动的数据
        var stack = new Array()          //stack 保存模拟的 3 根柱子的状态
        stack[0] = new Array()
        stack[1] = new Array()
        stack[2] = new Array()
        if (isNaN(n) || n<2 || n>10)
            alert('无效输入! ')
        else {
            for (var i = 0; i < n; i++) {
                h.unshift(s[i])
                stack[0].unshift(s[i])
            }
            document.write('初始状态: <br>柱子 1: ' + stack[0])
            document.write('<br>柱子 2: ' + stack[1])
            document.write('<br>柱子 3: ' + stack[2])
            hanNuoTa(h, 0, 1, 2)
        }
    </script>
</body>
</html>
```

（4）按【Ctrl+S】组合键保存文件，文件名为 test3-29.html。

（5）按【Ctrl+F5】组合键运行文件，查看运行结果。浏览器首先会打开一个输入对话框提示输入汉诺塔层数，如图 3-30 所示。

（6）输入 4，单击"确定"按钮关闭对话框，查看 4 层汉诺塔移动模拟过程，如图 3-31 所示。

图 3-30　输入汉诺塔层数

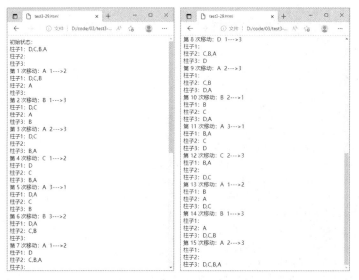

图 3-31　4 层汉诺塔移动模拟过程

3.5　小结

本章主要介绍了数组的创建、数组的使用、数组的属性、数组的方法，函数的定义、函数的调用、函数参数、函数的嵌套、递归函数及内置函数等内容。

3.6　习题

一、填空题

1. 在一个 JavaScript 数组中可存放_____类型的数据。

2. JavaScript 数组的类型为_____。

3. Array.of(3)创建的数组有_____个元素。

4. JavaScript_____定义多维数组，只能用一维数组来模拟。

5. JavaScript_____数组元素下标超出范围的概念。

6. JavaScript_____函数没有返回值。

7. 函数对象的构造函数名称为_____。

8. 实参为数组时，JavaScript 将_____传递给形参。

9. 嵌套函数只能在_____内部使用。

10. 递归函数是指在_____调用函数自身，形成递归调用。

二、操作题

1. 编写一个 HTML 文档，在浏览器中输出图 3-32 所示的正整数数字矩阵，第 1 个数字由用户输入。

2. 编写一个 HTML 文档，在浏览器中输出原矩阵和转置矩阵，如图 3-33 所示。

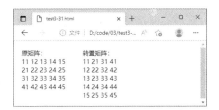

图 3-32　操作题 1 运行结果　　　　　　　　图 3-33　操作题 2 运行结果

3. 编写一个 HTML 文档，在浏览器中输出杨辉三角，如图 3-34 所示。杨辉三角阶数由用户输入。

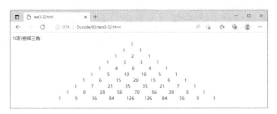

图 3-34　操作题 3 运行结果

4. 编写一个 HTML 文档，将下面表格中的数据按成绩从高到低排序输出，运行结果如图 3-35 所示。

姓名	成绩
吴忱	76
杨九莲	99
安芸芸	84
刘洋	70
兰成	89

5. 斐波那契数列（Fibonacci Sequence），又称黄金分割数列，由数学家莱奥纳尔多·斐波那契以兔子繁殖为例子引入，故又称为"兔子数列"，指的是这样一个数列：0、1、1、2、3、5、8、13、21、34、…。

编写一个 HTML 文档，在浏览器中输出斐波那契数列的前 10 项，运行结果如图 3-36 所示。

图 3-35　操作题 4 运行结果　　　　　　　　图 3-36　操作题 5 运行结果

第4章
异常和事件处理

重点知识：	异常处理
	事件处理

脚本在执行过程中，可能会出现各种错误，例如，使用了未定义的变量、关键字错误、数据不合法等。脚本执行过程中发生的错误统称为异常。对异常进行捕获和处理，可避免异常导致脚本意外终止。

当浏览器加载 HTML 文档，或用户执行某些操作时，均会产生相应事件。本章将学习如何利用事件处理响应事件。

4.1 异常处理

当脚本运行发生错误时，浏览器通常会停止脚本的运行，严重的错误甚至有可能会导致浏览器崩溃。JavaScript 利用异常处理来捕获脚本中发生的错误，以便给用户及时、友好的提示。

4.1.1 捕获和处理异常

JavaScript 使用 try/catch/finally 语句来捕获和处理异常，其基本语法格式如下。

捕获和处理异常

```
try {
    ...//可能发生异常的代码块
} catch (err) {
    ...//发生异常后，执行此处的处理代码块
} finally {
    ...//不管是否发生异常，均会执行的代码块
}
```

try 部分的花括号中为可能发生异常的代码块。如果发生了异常，catch 语句捕捉到该异常，局部变量 err 包含了异常信息。finally 部分的花括号中为不管是否发生异常始终都会执行的代码。

catch 和 finally 均可省略，但必须有其中的一个才能和 try 构成一个完整的语句。

【例 4-1】 使用 try/catch 语句来捕获和处理异常。源文件：04\test4-1.html。

```html
<html>
<body>
    <script>
        try {
            var a = 10
            //var b = 20                //该语句注释后，会发生异常
            document.write(a+b)          //这里使用了没有定义的变量
        } catch (err) {
            document.write('出错了：' + err)        //输出异常信息
        }
    </script>
</body>
</html>
```

在浏览器中的运行结果如图 4-1（a）所示。在语句"document.write(a+b)"中使用了没有定义的变量 b，所以发生了 ReferenceError 异常。取消语句"var b = 20"的注释，则不会发生异常，正确输出计算结果，如图 4-1（b）所示。

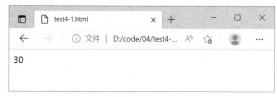

（a）catch 子句捕获到异常后输出的信息　　　　　　（b）改正后正确输出了计算结果

图 4-1　使用 try/catch 语句来捕获和处理异常

finally 子句一般很少使用，但其特殊性在于，只要执行了 try 子句，不管完成了多少，finally 子句总会执行。

如果 try 子句中有 break、continue 或者 return 语句，就会导致程序流程转移，但会在转移前执行 finally 子句。

如果 try 子句发生了异常，而且同时有捕捉该异常的 catch 子句，则程序流程转移到 catch 子句，catch 子句执行完后再执行 finally 子句。

如果 finally 子句中有 break、continue、return 或者 throw 语句，这些语句会导致程序流程转移。

【例 4-2】 使用 finally 子句。源文件：04\test4-2.html。

```html
<html>
<body>
    <script>
        function test() {
            try {
                var a = 10
                //var b = 20                //该语句注释后，会发生异常
                return a + b                 //这里使用了没有定义的变量
            } catch (err) {
```

```
                    document.write('<br>出错了: ' + err)            //输出异常信息
            } finally {
                    document.write('<br>finally 代码块已执行')
                    return false                                    //可注释该语句，测试函数返回值
            }
        }
        document.write('<br>test()函数返回值: '+test())
    </script>
</body>
</html>
```

在浏览器中的运行结果如图 4-2（a）所示。因为函数 test()中的"var b = 20"被注释了，所以发生异常。从运行结果可以看到发生异常后，执行了 catch 子句，输出了异常信息，然后执行了 finally 子句，最后返回函数 test()的调用位置，完成输出函数返回值。如果取消语句"var b = 20"的注释，运行结果如图 4-2（b）所示。可以看到，虽然执行了 try 子句中的"return a + b"（函数返回值应为 30），但并没有立即从函数返回，而是继续执行 finally 子句，其中的"return false"让函数的返回值变成了 false。如果注释掉"return false"，则可输出函数正常的返回值。

（a）发生异常时的脚本输出

（b）没有发生异常时的脚本输出

图 4-2　使用 finally 子句

4.1.2　抛出异常

抛出异常

除了脚本自身发生的异常外，还可使用 throw 语句来抛出异常，其语法格式如下。

throw 表达式

表达式的值可以是任意类型，也可以是 Error 对象或 Error 子类对象。

throw new Error('出错了! ')

Error()构造函数的参数将作为抛出的 Error 对象的 message 属性值。

【例 4-3】　抛出异常。源文件：04\test4-3.html。

```
<html>
<body>
    <script>
        function fact(n) {                                          //求阶乘
            if (('number' != typeof n) || 0 != n % 1) {
                    throw '参数 ' + n + ' 不是正整数! '
                                                                    //throw new Error('参数 ' + n + ' 不是正整数! ')
            }
            if (n <= 1)
```

```
                return 1
        else
                return n * fact(n-1)
    }
    try {
        document.write('<br>5!=' + fact(5))
        document.write('<br>2.5!=' + fact(2.5))
    } catch (err) {
        document.write('<br>出错了: ' + err+'<br>'+typeof err)
                                        //document.write('<br>出错了: ' + err.message)
    }
    </script>
</body>
</html>
```

在浏览器中的运行结果如图 4-3 所示。脚本中首先使用了字符串作为 throw 语句抛出的异常信息。若要测试 Error 对象，替换为代码中对应的注释掉的语句即可，运行结果不变。

图 4-3　抛出异常

4.2　事件处理

事件驱动是 JavaScript 的重要特点。当用户在浏览器中执行操作时，产生事件，执行相应的事件处理程序来完成交互——这就是事件驱动。

理解事件

4.2.1　理解事件

JavaScript 脚本在浏览器中的执行分两个阶段：文档载入阶段和事件驱动阶段。

文档载入阶段指浏览器打开一个 Web 文档的过程。在这一过程中，非事件处理程序代码被执行。

文档载入完成后，JavaScript 脚本进入事件驱动阶段。例如，浏览器加载完成时，会产生 load 事件，此时 load 事件处理程序就会执行。当用户单击了某个按钮，产生 click 事件，按钮的 click 事件处理程序就会被执行。

JavaScript 事件处理的主要概念包括事件类型、事件目标、事件处理程序、事件对象和事件传播。

1. 事件类型

事件类型也称事件名称，是 JavaScript 对各类事件的命名，不同事件有不同的处理机制。例如，click 表示鼠标单击，mousemove 表示移动鼠标。

表 4-1 列出了 JavaScript 中的常用事件和适用的 HTML 对象。

表4-1　JavaScript 中的常用事件和适用的 HTML 对象

事件名称	触发条件	适用对象
load	文档载入	body、frameset
unload	文档卸载	body、frameset
change	元素改变	input、select、textarea
submit	表单被提交	form
reset	表单被重置	form
select	文本被选取	input、textarea
blur	标记失去焦点	button、input、label、select、textarea、body
focus	标记获得焦点	button、input、label、select、textarea、body
keydown	按下键盘按键	表单标记和 body
keypress	按下键盘按键后又松开	表单标记和 body
keyup	松开键盘按键	表单标记和 body
click	单击鼠标左键	多数标记
dblclick	双击鼠标左键	多数标记
mousedown	按下鼠标左键	多数标记
mousemove	移动鼠标	多数标记
mouseout	鼠标指针移出标记	多数标记
mouseover	鼠标指针悬停于标记上	多数标记
mouseup	松开鼠标按键	多数标记

HTML 为对象定义了相应的事件属性，用于设置事件处理程序。例如，onclick 属性用于设置 click 事件处理程序。

2. 事件目标

事件目标指发生事件的对象。例如，单击<button>标记产生 click 事件，则<button>标记为 click 事件的目标。

3. 事件处理程序

事件处理程序也称事件监听程序或者事件回调函数，它是脚本中用于处理事件的函数。为了响应特定目标的事件，首先需要定义事件处理程序，然后进行注册。特定目标发生事件时，浏览器调用事件处理程序。当对象上注册的事件处理程序被调用时，我们称浏览器"触发"或者"分派"了事件。

4. 事件对象

事件对象是与特定事件相关的对象，它包含了事件的详细信息。事件被触发时，事件对象作为参数传递给事件处理程序。全局对象 event 用于引用事件对象。

5. 事件传播

事件传播是浏览器决定由哪个对象来响应事件的过程。如果是专属于某个特定对象的事件，则不需要传播。例如，load 事件专属于 Window 对象，所以不需要传播；而 click 事件适用于多数标记，则会在 HTML 文档的 DOM 树中传播。

事件传播可分为事件捕获和事件冒泡两个过程。

【例 4-4】 分析 HTML 文档的 DOM 树。源文件：04\test4-4.html。

```
<html>
<head>
    <title>htmldom</title>
    <script>  function test() { alert('这是按钮单击响应') }
    </script>
</head>
<body> <div><button onclick="test()">按钮</button></div>
</body>
</html>
```

该文档的 DOM 树如图 4-4 所示。

在本例中，单击<button>标记产生 click 事件，click 事件首先进入事件捕获阶段。click 事件从 Document 对象开始，沿 DOM 树向下传递，到达事件目标对象<button>标记。在事件传递过程中，若途中的对象注册了 click 事件处理程序，则会执行其事件处理程序。

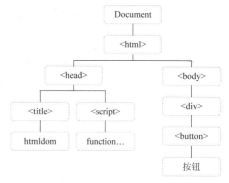

事件冒泡则是指事件从目标对象沿 DOM 树向上传递，直到 Document 对象，途中会触发对象的对应事件处理程序。

所有的事件都会经历事件捕获阶段，但不是所有的事件都会冒泡。例如，click 事件允许冒泡，focus 事件不冒泡。

图 4-4　HTML 文档的 DOM 树

在事件传播过程中，调用事件对象的 stopPropagation()方法可阻止事件的传播。事件被阻止后，传播途径中的后继对象不会接收到该事件。

4.2.2　注册事件处理程序

事件处理程序的注册就是建立函数和对象事件的关联关系。JavaScript 可通过下列方法来注册事件处理程序。

注册事件处理
程序

- 设置 HTML 标记属性。
- 设置 JavaScript 对象属性。
- 调用 addEventListener()方法。

1. 设置 HTML 标记属性注册事件处理程序

早期的 Web 设计都通过设置 HTML 标记属性来注册事件处理程序。例 4-4 中的 HTML 文档中的相关代码如下。

```
<div><button onclick="test()">按钮</button></div>
```

在<button>标记的 onclick 属性中设置的函数，就是为<button>标记注册 click 事件处理程序。

2. 设置 JavaScript 对象属性注册事件处理程序

将函数设置为事件目标对象的事件属性值，也可完成事件处理程序的注册。

【例 4-5】 设置 JavaScript 对象属性注册事件处理程序。源文件：04\test4-5.html。

```html
<html>
<body>
    <form name="form1">
        <input type="button" name="btTest" value="请单击按钮"/>
    </form>
    <script>
        function test() {alert('这是按钮单击响应') }
        document.form1.btTest.onclick = test          //注册事件处理程序
    </script>
</body>
</html>
```

在浏览器中的运行结果如图 4-5 所示。脚本中的 "document.form1.btTest.onclick = test" 语句完成表单 form1 中 btTest 按钮的 click 事件处理程序的注册。单击按钮时，调用 test()函数。

图 4-5　设置 JavaScript 对象属性注册事件处理程序

"document.form1.btTest.onclick = test"语句通过 HTML 标记的 name 属性值来引用 HTML 标记。也可通过 Document 对象的 getElementsByName()或 getElementById()方法来引用 HTML 标记，然后设置事件属性值。

```javascript
var btTest = document.get.getElementsByName('btTest')[0]
btTest.onclick=test
```

不管用哪种方法建立 HTML 标记的引用，事件处理程序的注册都是将函数名设置为事件目标对象的属性值。

> **提示** 通过设置 JavaScript 对象属性来注册事件处理程序时，应保证事件目标对象的 HTML 代码出现在执行事件注册的脚本之前，否则脚本会出现找不到事件目标对象的错误。

3. 使用 addEventListener()方法注册事件处理程序

事件目标对象的 addEventListener()方法用于注册事件处理程序。该方法可为事件目标对象的同一个事件注册多个事件处理程序。当事件发生时，为事件注册的所有处理程序均可执行。既然是同一个事件的处理程序，为何要注册多个事件处理程序，不合并为一个呢？这主要是基于模块化的程序设计思想的考虑。当发生事件后，需要处理两种或多种不太相关的逻辑时，将其分别用不同的函数来实现，也利于模块的独立性和程序的可维护性。

addEventListener()方法基本语法格式如下。

事件目标对象.addEventListener('事件名称', 函数名称, true|false)

方法的第 1 个参数为事件名称，如 click、mousemove 等。第 2 个参数为函数名称，函数名称直接使用，不需要放在字符串中。第 3 个参数如果为 true，事件处理程序的调用发生在事件的捕获阶段，即事件目标对象接收到事件时调用事件处理程序。第 3 个参数如果为 false，事件直接发生在事件目标对象上，或者发生在其子对象上，事件冒泡到该对象时，调用事件处理程序。

【例 4-6】 使用 addEventListener()方法注册事件处理程序。源文件：04\test4-6.html。

```html
<html>
<body>
    <form name="form1">
        <input type="button" name="btTest" value="请单击按钮" />
    </form>
    <script>
        function test() {
            alert('这是按钮单击响应')
        }
        function test2() {
            alert('这是按钮单击响应 2')
        }
        var btTest = document.getElementsByName('btTest')[0]
        btTest.addEventListener('click', test, true)          //注册第 1 个 click 事件处理程序
        btTest.addEventListener('click', test2, true)         //注册第 2 个 click 事件处理程序
    </script>
</body>
</html>
```

在浏览器中的运行结果如图 4-6 所示。单击"请单击按钮"按钮时，两个事件处理程序 test() 和 test2()都执行了。

图 4-6　使用 addEventListener()方法注册事件处理程序

调用 addEventListener()方法注册事件处理程序后，可调用 removeEventListener()方法将

其注销。removeEventListener()方法的参数与注册时 addEventListener()方法的参数保持一致。

```
btTest.removeEventListener('click', test2, true)          //注销事件处理程序
```

4.2.3 事件处理程序的调用

事件处理程序的
调用

1. 事件处理程序的调用方式

事件处理程序的调用和函数的调用方式一致，只是时机不同。事件处理程序通常在目标对象发生事件时被调用，调用时间是不确定的。

也可直接调用事件处理程序。例如，在例 4-5 中，完成事件处理程序注册后，可用下面的语句直接调用事件处理程序。

```
btTest.onclick()          //直接调用事件处理程序
```

直接调用事件处理程序仅等同于调用函数，不能和通过事件触发事件处理程序等同。

2. 事件处理程序的参数

事件处理程序被触发时，事件对象作为第 1 个参数传递给事件处理程序。event 变量用于在事件处理程序中引用事件对象。直接调用事件处理程序时，没有发生事件，所以没有事件对象作为参数。

事件对象的主要属性和方法如下。

* type 属性：事件类型的名称，如 click、submit 等。
* target 属性：发生事件的 HTML 标记对象。可能与 currentTarget 不同。
* currentTarget 属性：正在执行事件处理程序的 HTML 标记对象。如果在事件传播（捕获或冒泡）过程中事件被触发，currentTarget 属性与 target 属性不同。
* timeStamp 属性：时间戳，表示发生事件的时间。
* bubbles 属性：逻辑值，表示事件是否冒泡。
* cancelable 属性：逻辑值，表示是否能用 preventDefault()方法取消对象的默认动作。
* preventDefault()方法：阻止对象的默认动作。例如，单击表单的提交按钮时，首先会执行表单的 submit 事件处理程序，然后执行默认动作——将表单提交给服务器。如果在 submit 事件处理程序中调用了事件对象的 preventDefault()方法，则会阻止表单提交给服务器，这与 submit 事件处理程序返回 false 的效果一样。
* stopPropagation()方法：调用该方法可阻止事件传播过程，事件传播路径中的后继节点不会再接收到该事件。

【例 4-7】 使用 event 引用事件对象。源文件：04\test4-7.html。

```
<html>
<body>
    <form name="form1" >
        <input type="button" name="btTest" value="请单击" onclick="test()"/>
    </form>
    <script>
        var counter=0
        function test() {
            var s='no event'
            if (event) {
                counter++
```

```
            event.currentTarget.value = '已单击' + counter + '次'
            s = 'event.type=' + event.type
            s += '\nevent.target=' + event.target.name
            s += '\nevent.currentTarget=' + event.currentTarget.name
            s += '\nevent.timeStamp='+ event.timeStamp
            s += '\nevent.bubbles='+ event.bubbles
            s += '\nevent.cancelable=' + event.cancelable
            //event.preventDefault()          //取消默认动作
            //event.stopPropagation()         //阻止事件传播
        }
        alert(s)
    }
    </script>
</body>
</html>
```

在浏览器中的运行结果如图 4-7 所示。

3. 事件处理程序的返回值

事件处理程序的返回值具有特殊意义。通常，事件处理程序返回 false 时，会阻止浏览器执行这个事件的默认动作。例如，表单的 submit 事件处理程序返回 false 时，会阻止提交表单；单击链接<a>时，会跳转到链接的 URL，若在其 click 事件处理程序中返回 false，则会阻止跳转。

图 4-7　使用 event 引用事件对象

通过 HTML 标记的属性注册事件处理程序时，如果要利用事件处理程序返回 false 以阻止默认动作，首先应在事件处理程序中使用 "return false" 语句返回 false，然后使用 "return 事件处理程序名()" 的格式设置属性来注册事件处理程序。如果使用 "事件处理程序名()"，即使在事件处理程序中使用了 "return false"，也不会起到阻止作用。

【例 4-8】　阻止默认动作。源文件：04\test4-8.html。

```
<html>
<body>
    <a href="http://www.ryjiaoyu.com" onclick="return test()">人邮教育</a>
    <script>
        function test() {
            alert('你单击了"人邮教育"链接')
            return false                    //阻止跳转
            //event.preventDefault()        //阻止跳转
        }
    </script>
</body>
</html>
```

在浏览器中的运行结果如图 4-8 所示。单击链接后，调用 test()函数，首先显示提示对话框。关闭对话框后，会发现浏览器不会跳转。如果将<a>标记的 "onclick="return test()"" 改为 "onclick="test()""，则会发现关闭对话框后，浏览器会跳转。

图 4-8　阻止默认动作

不管是通过设置属性，还是通过调用 addEventListener()方法注册的事件处理程序，在处理程序中调用 preventDefault()方法均可阻止事件默认动作。

在事件处理程序中，也可通过将 event.returnValue 属性设置为 false 来阻止事件默认动作。

阻止事件传播

4.2.4　阻止事件传播

调用事件对象的 stopPropagation()方法可阻止事件的传播。

【例 4-9】　阻止事件传播。源文件：04\test4-9.html。

```html
<html>
<body>
    <div onclick="clickDiv()">请单击:
        <a href="http://www.ryjiaoyu.com" onclick="clickA()">人邮教育</a>
    </div>
    <script>
        function clickA() {
            alert('你单击了"人邮教育"链接')
            event.preventDefault()        //阻止链接跳转
            //event.stopPropagation()     //阻止事件传播
        }
        function clickDiv() { alert('你单击了<div>') }
    </script>
</body>
</html>
```

在浏览器中运行时，单击"人邮教育"链接，首先会显示一个对话框提示单击了链接，如图 4-9（a）所示，将其关闭后，会再弹出一个对话框提示单击了<div>，如图 4-9（b）所示。

（a）提示单击了链接　　　　　　　　　　　　　（b）提示单击了<div>

图 4-9　未阻止事件传播时连续打开两个对话框

若取消代码中"event.stopPropagation()"语句前的注释符号，则会在<a>的 click 事件处理程序中阻止事件传播，单击链接只会出现第一个对话框。

4.2.5 页面加载与卸载事件

页面加载与卸载
事件

浏览器在加载完一个页面时，触发 load 事件。在 load 事件处理程序中，可对页面内容设置样式或执行其他操作。在关闭当前页面或跳转到其他页面时，首先会触发 beforeunload 事件，可使用对话框确认用户是否跳转。在 beforeunload 事件处理程序中确认了跳转，或者没有注册 beforeunload 事件处理程序，都会进一步触发 unload 事件。

beforeunload 和 unload 事件处理过程会屏蔽所有用户交互，window.open、alert、confirm 等都无效，不能阻止 unload 事件。一般在 unload 事件处理程序中执行一些必要的清理操作，事实上只有极少的这种需求。

【例 4-10】 处理页面加载和卸载事件：在页面加载完成时显示一个对话框，然后更改字号和颜色；在单击页面链接后，进行跳转确认。源文件：04\test4-10.html。

```html
<html>
<body>
    <div id="show"> I like JavaScript </div>
    <a href="test4-9.html">查看实例 4-9</a>
    <script>
        window.onbeforeunload = goaway
        window.onload = change
        function change() {
            alert('文档已加载完毕！')
            var d = document.getElementById('show')
            d.style='font-size:40px;color:red'
        }
        function goaway() { return '确认要跳转吗？' }
    </script>
</body>
</html>
```

在浏览器中运行时，页面加载完毕会打开提示对话框，如图 4-10（a）所示。注意，此时的文本 "I like JavaScript" 使用的是默认字号和颜色。关闭对话框后，在 load 事件处理程序中改变了文本 "I like JavaScript" 的字号和颜色，如图 4-10（b）所示。单击页面中的 "查看实例 4-9" 链接准备跳转时，会打开提示对话框，如图 4-10（c）所示，在对话框中单击 "离开" 按钮才会继续跳转，否则留在当前页面。

（a）执行 load 事件处理程序

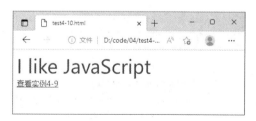

（b）load 事件处理后文本字号和颜色已变化

图 4-10 处理页面加载和卸载事件

（c）执行 beforeunload 事件处理程序

图 4-10　处理页面加载和卸载事件（续）

　　在 beforeunload 事件处理程序中，直接使用 "return '提示消息'" 即可打开确认对话框。如果没有 "return '提示消息'" 语句，或者使用了不带参数的 return，beforeunload 事件处理过程不会出现确认对话框。

4.2.6　鼠标事件

鼠标事件

鼠标事件对象除了拥有事件对象的主要属性外，还有下列常用属性。

- button：数字，在 mousedown、mouseup 和 click 等事件中用于表示按下的鼠标按键，属性值为 0 表示左键，1 表示中键（滚轮按钮），2 表示右键。
- altKey、ctrlKey 和 shiftKey：逻辑值，表示在鼠标事件发生时，是否按下了【Alt】键、【Ctrl】键或【Shift】键。
- clientX、clientY：表示鼠标指针在浏览器中当前位置的 x 坐标和 y 坐标。
- screenX、screenY：表示鼠标指针在屏幕中当前位置的 x 坐标和 y 坐标。
- relatedTarget：对于 mouseover 事件，表示鼠标指针先标记对象移出；对于 mouseout 事件，表示鼠标指针要进入的标记对象。

【例 4-11】　在页面中显示京剧脸谱图片。鼠标指针在页面中移动时，显示其坐标位置。鼠标指针在图片上移动时，改变其大小，鼠标指针移出图片时恢复其大小。源文件：04\test4-11.html。京剧是中华优秀传统文化之一，京剧脸谱则是京剧的一大特色，感兴趣的读者进一步了解京剧脸谱的更多内容。

```html
<html><body>
    <div id="showtext"></div>
    <img src="img1.png" id="showimg" width="50" height="50"
        onmousemove ="changeimg()" onmouseout="resetimg()"/>
    <script>
        document.onmousemove = showpos
        function showpos() {
            var div = document.getElementById('showtext')
            var p ='鼠标指针当前位置: '+ event.clientX + ',' + event.clientY
            div.innerText=p
        }
        function changeimg() {
```

```
            var img = document.getElementById('showimg')
            img.width = '500'
            img.height = '380'
            //阻止 mousemove 事件传播,鼠标指针位于图片上时,鼠标指针位置不更新
            event.stopPropagation()
        }
        function resetimg() {
            var img = document.getElementById('showimg')
            img.width = '50'
            img.height = '50'
        }
    </script>
</body></html>
```

在浏览器中运行时,鼠标指针不在图片上时,图片很小,同时页面中实时输出当前鼠标指针位置,如图 4-11(a)所示。当鼠标指针在图片上时,图片变大,鼠标指针位置不更新,如图 4-11(b)所示。脚本中的 "event.stopPropagation()" 语句阻止了<img>标记的 mousemove 事件的冒泡,文档对象接收不到 mousemove 事件,所以不能执行 showpos()方法更新鼠标指针位置。如果将 "event.stopPropagation()" 语句注释掉,则文档对象可接收到 mousemove 事件,从而执行 showpos()方法更新鼠标指针位置。

（a）鼠标指针不在图片上

（b）鼠标指针在图片上

图 4-11　处理鼠标事件

4.2.7　键盘事件

键盘事件

用户按下键盘按键时会产生 keydown 事件,在 keydown 事件后,还会产生 keypress 事件,松开按键时会产生 keyup 事件。keypress 事件只在按下字符按键时才会产生。如果按住按键的时间过长,可能会触发多个 keydown 和 keypress 事件。

在键盘事件处理程序中,可通过阻止事件默认动作的方式来取消输入。

【例 4-12】　限制只能输入数字。源文件:04\test4-12.html。

```
<html>
<body>
    <div id="show">实际输入: </div>
```

```
    <form name="form1">
        <input type="text" id="getText"  onkeypress="doKeyPress()" />
    </form>
    <script>
        var div = document.getElementById('show')
        function doKeyPress() {
            div.innerText += String.fromCharCode(event.keyCode)
            if (event.keyCode < 48 || event.keyCode > 57) {
                event.returnValue = false                              //取消输入
            }
        }
    </script>
</body>
</html>
```

在浏览器中的运行结果如图 4-12 所示。页面中显示了输入的字符，但输入框中只有数字。

图 4-12　限制只能输入数字

4.2.8　表单提交事件

用户在单击表单的提交按钮时，产生表单提交事件 submit。submit 事件处理程序通常对表单数据进行验证，输入未通过验证时返回 false，可阻止表单的提交。

表单提交事件

有两种方式处理表单提交：一种是为提交按钮注册 click 事件处理程序；另一种是为表单注册 submit 事件处理程序。

【例 4-13】　处理表单提交。源文件：04\test4-13.html、doResponse.js。

test4-13.html 实现客户端表单，在注释中提供了另一种表单提交处理方式，代码如下。

```
<html>
<body>
    <!-- 注册表单的 submit 事件处理表单提交-->
    <form name="form1" action="http://127.0.0.1:80001" method="get" onsubmit="return check()">
        <input type="text" id="getText" name="data" />
        <input type="submit" value="提交"/>
    </form>
    <script>
        var div = document.getElementById('show')
        function check() {
            var getText = document.getElementById('getText')
            var data = getText.value
            if (!parseInt(data)) {
                alert('输入不是有效数字: ' + getText.value)
```

```
            return false
        }
    }
    </script>
</body>
</html>
```

doResponse.js 为服务器端 JavaScript 文件，用于在 Node.js 的 Web 服务器中处理表单请求，返回响应。Node.js 是一个开源和跨平台的 JavaScript 运行环境，它提供了服务器端 JavaScript 开发工具。

本例中只是简单地返回提交的数据，doResponse.js 代码如下。

```
var http = require("http")
var url = require("url")
function onRequest(req, resp) {
    resp.writeHead(200, { "content-type": "text/html;charset=utf-8" })
    q = url.parse(req.url, true).query
    resp.end('你输入的数据为：' + q.data)       //返回查询参数中 data 的值
}
server = http.createServer(onRequest)           //创建服务器
server.listen(8000,                             //监听端口
    '127.0.0.1',                                //主机 URL
    () => {                                      //开始监听时执行的程序
        console.log('Server running at http://127.0.0.1:8000/');
    });
```

在系统命令提示符窗口中，进入 doResponse.js 文件所在文件夹，然后执行下面的命令启动 Web 服务器。

```
node doResponse.js
```

在浏览器中打开 test4-13.html，显示表单，如图 4-13（a）所示。若输入的数据不是数字字符串，单击"提交"按钮提交表单时，会显示提示对话框，如图 4-13（a）所示。关闭对话框后，不会向服务器提交表单，保持在当前页面。输入数字字符串，单击"提交"按钮提交表单，服务器端的 Web 服务器接收表单数据并返回，如图 4-13（b）所示。

（a）在表单中提交非数字字符串

（b）在表单中提交数字字符串后的返回结果

图 4-13　处理表单提交

4.3 编程实践：响应鼠标操作

本节综合应用本章所学知识，在浏览器中显示唐宋八大家人名，鼠标指针指向人名时，显示对应的人物简介，如图 4-14 所示。

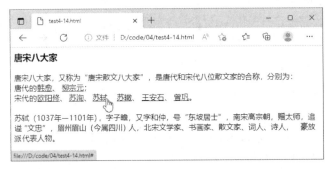

图 4-14　响应鼠标操作

具体操作步骤如下。

（1）在 VS Code 中选择"文件\新建文本文件"命令，新建一个文本文件。

（2）单击"选择语言"选项，打开语言列表。在语言列表中单击"HTML"，将语言设置为 HTML。

（3）在编辑器中输入如下代码。

```
<html>
<body>
    <h3>唐宋八大家</h3>
    唐宋八大家，又称为"唐宋散文八大家"，是唐代和宋代八位散文家的合称，分别为: <br />
    唐代的<a href="#" onmouseover="showMsg()">韩愈</a>、
    <a href="#" onmouseover="showMsg()">柳宗元</a>; <br />
    宋代的<a href="#" onmouseover="showMsg()">欧阳修</a>、
    <a href="#" onmouseover="showMsg()">苏洵</a>、
    <a href="#" onmouseover="showMsg()">苏轼</a>、
    <a href="#" onmouseover="showMsg()">苏辙</a>、
    <a href="#" onmouseover="showMsg()">王安石</a>、
    <a href="#" onmouseover="showMsg()">曾巩</a>。<br />
    <br />
    <div id="out"></div>
    <script>
        data = [['韩愈', '韩愈（768年—824年），字退之，是唐代文学家、哲学家、思想家，河南河阳（今河南孟州
南）人。世称韩昌黎，官至吏部侍郎，卒谥文，又称韩文公.'],
        ['柳宗元', '柳宗元（773年—819年），字子厚，唐代文学家、哲学家、散文家和思想家，河东解县（今山西运
城西南人）。世称"柳河东"，后迁柳州刺史，又称"柳柳州"。'],
        ['欧阳修', '欧阳修（1007年—1072年），北宋时期文学家、史学家和诗人。字永叔，号醉翁，晚年又号六一居
士（六一即藏书一万卷，集录三代以来金石遗文一千卷，琴一张，棋一局，常置酒一壶，醉翁一人），吉州吉水(今属江西)人.'],
        ['苏洵', '苏洵（1009年—1066年），字明允；眉州眉山（今属四川）人。年二十七，始发愤为学，岁余举进士，
又举茂才异等，皆不中。乃悉焚所写文章，闭户益读书，遂通六经、百家之说，下笔顷刻数千言。至和、嘉祐间，与二子轼、辙同
至京师.'],
        ['苏轼', '苏轼（1037年—1101年），字子瞻，又字和仲，号东坡居士，南宋高宗朝，赠太师，追谥"文忠"，眉
```

州眉山（今属四川）人，北宋文学家、书画家、散文家、词人、诗人，豪放派代表人物。'],

　　　　　['苏辙'，'苏辙（1039 年—1112 年），字子由，眉州眉山（今属四川）人。嘉祐二年（1057 年）与其兄苏轼同科进士及第。神宗朝，为制置三司条例司属官。'],

　　　　　['王安石'，'王安石（1021 年—1086 年），字介甫，晚年号半山，封荆国公，世人又称王荆公，江西临川（今江西抚州）人。北宋政治家、思想家、文学家、改革家，唐宋八大家之一。'],

　　　　　['曾巩'，'曾巩（1019 年—1083 年），字子固，世称南丰先生。南丰（今属江西）人，后居临川（今江西抚州）。']]

```
        function showMsg() {   //显示人物简介
            var obj = document.getElementById('out')
            var txt = event.currentTarget.innerText
            for (i = 0; i < data.length; i++) {
                if (data[i][0] == txt) {
                    obj.innerHTML = data[i][1]
                    break;
                }
            }
        }
    </script>
</body>
</html>
```

（4）按【Ctrl+S】组合键保存文件，文件名为 test4-14.html。

（5）按【Ctrl+F5】组合键运行文件，查看运行结果。

4.4　小结

　　本章主要介绍了 JavaScript 的异常处理和事件处理。在大型 Web 应用的脚本中，不可避免地会出现各种意料之外的错误，使用异常处理可以友好地给予用户提示、给开发人员反馈，便于代码维护。

　　事件处理则用于灵活处理各种用户操作，为用户提供更好的体验。本章对 JavaScript 事件处理只介绍了最基本的、各种浏览器均支持的内容。现代的各种最新浏览器都能很好地支持 JavaScript，并且兼容问题不是特别突出。限于篇幅，本章没有对 JavaScript 的浏览器兼容问题进行介绍。

4.5　习题

一、填空题

1. 在 JavaScript 异常捕获和处理的代码中，处理异常的代码放在_____部分。

2. 在 JavaScript 异常捕获和处理的代码中，_____部分的语句总是会执行。

3. JavaScript 代码可使用_____语句来抛出异常。

4. 浏览器加载完 Web 文档时，会产生_____事件。

5. 全局对象_____用于引用事件对象。

6. 在 JavaScript 代码中，可调用目标对象的_____方法来注册事件处理程序。

7. 在事件处理程序中，可通过事件对象的_____属性引用事件目标对象。

8. 事件对象的_____方法可阻止事件继续传播。

9. 表单 submit 事件处理程序返回值为_____时，可阻止表单提交给服务器。

10. 在关闭当前页面或跳转到其他页面时，首先会触发_____事件。

二、操作题

1. 编写一个 HTML 文档，阻止浏览器弹出右键快捷菜单，运行结果如图 4-15 所示。

2. 编写一个 HTML 文档，令页面中的按钮跟随鼠标指针移动，运行结果如图 4-16 所示。

图 4-15　操作题 1 运行结果　　　　　　　　图 4-16　操作题 2 运行结果

3. 编写一个 HTML 文档，在表格中显示姓名和成绩信息，单击标题栏时，按标题排序，运行结果如图 4-17 所示。

4. 编写一个 HTML 文档，在页面中提供颜色和字号选项，用户执行选择时实时改变上方文字的颜色和字号，运行结果如图 4-18 所示。

图 4-17　操作题 3 运行结果　　　　　　　　图 4-18　操作题 4 运行结果

5. 编写一个 HTML 文档，实现可将图片拖动到页面任意位置，运行结果如图 4-19 所示。

图 4-19　操作题 5 运行结果

第 5 章
JavaScript 的面向对象

<table>
<tr><td rowspan="1">重点知识：</td><td>对象
原型对象和继承
内置对象
类</td></tr>
</table>

JavaScript 通过对象和类来实现面向对象。对象是 JavaScript 的一种数据类型，可包含多个属性和方法。JavaScript 的类通过原型对象继承来实现。JavaScript 的类与经典的面向对象的程序设计语言（如 Java 和 C++）有本质上的区别。

本章将介绍如何使用对象和类。

5.1 对象

在 JavaScript 中，基本类型（number、string、boolean、null、undefined 和 symbol）本身并不是对象。

在面向对象的程序设计中，类封装了对象的共同属性和方法。属性表示对象的特征，方法表示对象的行为。具体的对象称为类的实例对象，继承了类的所有属性和方法。

虽然 JavaScript 不是纯粹面向对象，但同样支持面向对象的特性。JavaScript 的对象同样有属性和方法，也支持继承。一个对象可拥有多个属性和方法，并可继承原型对象的属性和方法。对象的属性可看作一个"键/值"对，键是属性名，值是属性的值。一个对象就是多个属性名到值的映射，这类似于其他程序设计语言中的"映射""散列""字典"等概念。

对象的属性和方法均通过对象访问。

```
x = event.type                //使用事件对象的属性，获得事件类型名称
event.preventDefault()        //调用事件对象的方法，阻止事件默认行为
```

5.1.1 创建对象

JavaScript 提供了 3 种创建对象的方法：使用字面量创建对象、使用 new 关键字创建对象和使用 Object. create()方法创建对象。

创建对象

1. 使用字面量创建对象

在 JavaScript 中，花括号括起来的多个"键/值"对是一个对象字面量，可将其赋给一个变量来创建对象。

【例 5-1】 使用字面量创建对象。源文件：05\test5-1.html。

```html
<html>
<body>
    <script>
        var x = {}                                        //创建一个空对象
        var a = { name: 'JavaScript 程序设计', price: 25 } //创建一个有 name 和 price 属性的对象
        document.write('x 的数据类型: ' + typeof x)
        document.write('<br>a 的数据类型: ' + typeof x)
        document.write('<br>a 的属性 name = ' + a.name)
        document.write('<br>a 的属性 price = ' + a.price)
    </script>
</body>
</html>
```

在浏览器中的运行结果如图 5-1 所示。

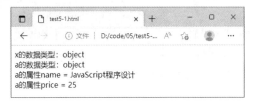

图 5-1　使用字面量创建对象

2. 使用 new 关键字创建对象

new 关键字调用构造函数来创建并初始化一个对象。JavaScript 中的内置对象都包含内置的构造函数。例如，Object()、Array()、Date()等都是构造函数。

【例 5-2】 使用 new 关键字创建对象。源文件：05\test5-2.html。

```html
<html>
<body>
    <script>
        var a = new Object()                                        //创建空对象
        var b = new Object({ name: 'JavaScript 程序设计', price: 25 })     //创建带有属性的对象
        var c = new Array(1, 2, 3)                                   //创建一个数组对象
        var d=new Date()                                            //创建一个表示当前日期时间的日期对象
        document.write('a 的数据类型: ' + typeof a)
        document.write('<br>b 的数据类型: ' + typeof b)
        document.write(',  b.name = ' + b.name + ' b.price = ' + b.price)
        document.write('<br>c 的数据类型: ' + typeof c)
        document.write(',  c = ' + c)
        document.write('<br>d 的数据类型: ' + typeof d)
        document.write(',  d = ' + d)
    </script>
</body>
</html>
```

在浏览器中的运行结果如图 5-2 所示。

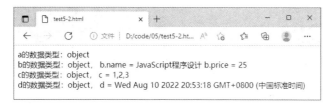

图 5-2　使用 new 关键字创建对象

在 JavaScript 中，通过字面量创建的所有对象都有相同的原型对象，对象继承原型对象的属性和方法，可使用 Object.prototype 属性引用原型对象。

使用 new 关键字和构造函数创建对象时，实质是使用构造函数的 prototype 属性值作为原型对象。例如，new Array()以 Array.prototype 属性值作为原型对象，new Date()以 Date.prototype 属性值作为原型对象。

3. 使用 Object.create()方法创建对象

Object.create()方法用指定参数创建对象，参数为 null 时，创建一个空对象；参数为对象常量或其他对象时，将参数作为原型对象来创建对象，新对象继承原型对象的所有属性和属性值。

【例 5-3】　使用 Object.create()方法创建对象。源文件：05\test5-3.html。

```html
<html>
<body>
    <script>
        if (Object.create) {
            var a = Object.create(null)                              //创建一个空对象
            document.write('a 的数据类型: ' + typeof a)
            var b = Object.create({ name: 'jQuery 教程', price: 30 })   //提供原型对象来创建对象
            document.write('<br>b 的数据类型: ' + typeof b)
            document.write(' b.name = ' + b.name + ' b.price = ' + b.price)
        } else {
            document.write('当前浏览器不支持 Object.create()! ')
        }
    </script>
</body>
</html>
```

在浏览器中的运行结果如图 5-3 所示。

图 5-3　使用 Object.create()方法创建对象

使用对象属性

5.1.2　使用对象属性

对象属性使用"."运算符来访问，"."左侧为引用对象的变量名称，右侧为

属性名。也可用类似于数组元素的方式来访问属性。

```
var a = {name:'C++',price:12}
document.write(a.name)
document.write(a['name'])
```

两条语句中的 a.name 和 a['name']是等价的。如果读取一个不存在或者未赋值的属性，得到的值为 undefined。

对象的属性是动态的。在给对象属性赋值时，如果属性存在，则覆盖原来的值，否则会为对象创建新的属性并赋值。

```
var a = { name: 'C++', price: 12 }
a.name = 'HTML'                //修改属性值
a.nmae = 'JavaScript'          //本意是为 name 属性赋值，输入错误，这会创建新的 nmae 属性
```

可使用 delete 删除对象的属性。

```
delete a.name
```

可使用 for/in 循环来遍历对象的属性。

【例5-4】 使用对象属性。源文件：05\test5-4.html。

```
<html>
<body>
    <script>
        var a = { name: 'C++', price: 12 }
        for (p in a)                        //遍历对象属性
            document.write('<br>对象 a 的' + p+'属性值为: '+a[p])
        document.write('<br>')
        a['name'] = 'HTML'                  //修改属性值
        for (p in a)
            document.write('<br>对象 a 的' + p + '属性值为: ' + a[p])
        a.nmae = 'JavaScript'               //本意是为 name 属性赋值，输入错误，这会创建新的 nmae 属性
        document.write('<br>')
        for (p in a)
            document.write('<br>对象 a 的' + p + '属性值为: ' + a[p])
        delete a.nmae                       //删除属性
        document.write('<br>')
        for (p in a)
            document.write('<br>对象 a 的' + p + '属性值为: ' + a[p])
    </script>
</body>
</html>
```

在浏览器中的运行结果如图 5-4 所示。

5.1.3 对象的方法

对象的方法就是通过对象调用的函数。在方法中可用 this 关键字来引用当前对象。将函数赋给对象属性，该属性即可称为方法，通过该属性来引用函数。作为方法使用的属性，可称为方法属性。

对象的方法

【**例 5-5**】 为对象定义一个方法，将对象的全部属性及其值输出到浏览器。源文件：05\test5-5.html。

```html
<html>
<body>
    <script>
        function print() {   //定义对象的方法
            for (p in this)
                document.write('<br>属性' + p + '=' + this[p])
        }
        var a = { name: 'C++', price: 12 }
        a.out = print
        a.out()          //执行对象方法
        var b = { name: 'Mike', age: 20 }
        b.out = print
        b.out()
    </script>
</body>
</html>
```

在浏览器中的运行结果如图 5-5 所示。从运行结果可以看出，对象方法本质上还是一个属性，只是该属性引用的是一个函数。将对象方法作为属性使用时，返回的是函数的定义；作为方法执行时，会执行函数。

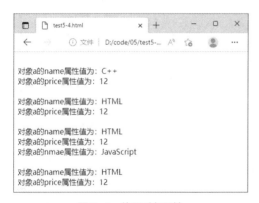

图 5-4　使用对象属性

图 5-5　为对象定义方法

5.1.4　构造函数

构造函数是一个特殊的方法。在构造函数中，使用 this 关键字访问当前对象。构造函数需要和 new 关键字一起使用，以便创建并初始化对象。

构造函数

【**例 5-6**】 定义和使用构造函数。源文件：05\test5-6.html。

```html
<html>
<body>
    <script>
        function print() {   //定义对象的方法
            for (p in this) {
```

```
                    //if ('function' === typeof this[p])   continue        //跳过方法
                    document.write('<br>  属性' + p + '=' + this[p])        //输出属性及其值
                }
            }
            function Book(name, price) {
                this.name = name                //定义并初始化属性
                this.price = price              //定义并初始化属性
                this.out=print                  //定义方法
            }
            var a = new Book('C++入门', 40)
            document.write('对象a: ')
            a.out()                             //执行对象方法
            var b = new Book('Java+jQuery 基础教程', 38)
            document.write('<p>对象b: ')
            b.out()
        </script>
    </body>
</html>
```

在浏览器中的运行结果如图 5-6 所示。从运行结果可以看到，使用相同构造函数创建的对象，拥有相同的属性和方法。代码中注释掉的 if 语句可用于跳过方法，避免输出方法的函数定义。

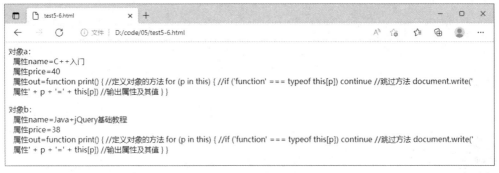

图 5-6　定义和使用构造函数

5.1.5　with 语句

with 语句的基本语法格式如下。

with 语句

```
with(对象){
    语句
}
```

在 with 语句的代码块中，可直接使用对象的属性和方法，而不需要"对象名."作为前缀。

【例 5-7】　在 with 语句中使用对象。源文件：05\test5-7.html。

```
<html>
<body>
    <script>
        function Book(name, price) {                                    //定义构造函数
```

```
                this.name = name
                this.price = price
            }
        var a = new Book('C++入门', 40)
        document.write('对象a: ')
        with (a) {
            document.write(' name=' + name)
            document.write(' ; price=' + price)
        }
        var b = new Book('Java+jQuery 基础教程', 38)
        document.write('<p>对象b: ')
        with (b) {
            document.write(' name=' + name)
            document.write(' ; price=' + price)
        }
    </script>
</body>
</html>
```

在浏览器中的运行结果如图 5-7 所示。

图 5-7　在 with 语句中使用对象

原型对象和继承

5.2　原型对象和继承

对象和原型对象之间是一种"继承"的共享关系，对象继承原型对象的所有属性和方法。

一条基本的原则：除了原型对象外，对象的属性总是"私有的"，只属于当前对象。给不存在的属性赋值时，总是为对象创建该属性。

在读取一个对象属性时，如果对象没有该属性，则会查看原型对象是否有该属性。如果有，则使用原型对象的属性值，否则得到 undefined。

【例 5-8】　使用原型对象。源文件：05\test5-8.html。

```
<html>
<body>
    <script>
        function Book(name, price) {                //定义构造函数
            this.name = name
            this.price = price
        }
        Book.prototype.publisher = '人民邮电出版社'        //定义原型对象属性
        Book.prototype.out = function () {               //定义原型对象方法
            document.write('<br>这是原型对象的 out()方法输出')
        }
```

```
            var b = new Book('Java+jQuery 基础教程', 38)
            document.write('<p>对象b: ')
            with (b) {
                document.write('<br> name=' + name)
                document.write('<br> price=' + price)
                document.write('<br> publisher=' + publisher)
                out()
            }
            document.write('<p>添加到属性和方法后，对象b: ')
            b.publisher = '清华大学出版社'                    //定义对象的属性
            b.out = function () {
                document.write('<br>这是对象的 out()方法输出')
            }
            with (b) {
                document.write('<br> name=' + name)
                document.write('<br> price=' + price)
                document.write('<br> publisher=' + publisher)
                out()
            }
        </script>
    </body>
</html>
```

在浏览器中的运行结果如图 5-8 所示。

图 5-8　使用原型对象

5.3　内置对象

JavaScript 常用内置对象有 Array（数组）对象、Math（数学）对象、Number（数字）对象、Date（日期）对象和 String（字符串）对象。本节主要介绍 Math 对象、Date 对象和 String 对象。

5.3.1　Math 对象

Math 对象定义了常用的数学函数和常量，它没有构造函数。Math 对象的主要属性和方法如下。

- Math.E：返回数学常量 e。
- Math.LN10：返回 10 的自然对数。

- Math.LN2：返回 2 的自然对数。
- Math.LOG10E：返回以 10 为底 e 的对数。
- Math.LOG2E：返回以 2 为底 e 的对数。
- Math.PI：返回圆周率。
- Math.SQRT1_2：返回 2 的平方根的倒数。
- Math.SQRT2：返回 2 的平方根。
- Math.abs(x)：返回 x 的绝对值。
- Math.sin(x)：返回 x 的正弦值。
- Math.cos(x)：返回 x 的余弦值。
- Math.tan(x)：返回 x 的正切值。
- Math.acos(x)：返回 x 的反余弦值。
- Math.asin(x)：返回 x 的反正弦值。
- Math.atan(x)：返回 x 的反正切值。
- Math.ceil(x)：返回大于或等于 x 的最小整数。
- Math.exp(x)：返回 e 的 x 次方。
- Math.floor(x)：返回小于或等于 x 的最大整数。
- Math.log(x)：返回 x 的自然对数。
- Math.max(x,y,……)：返回参数中的最大值。
- Math.min(x,y,……)：返回参数中的最小值。
- Math.pow(x,y)：返回 x 的 y 次方。
- Math.random()：返回一个等于或大于 0、小于 1 的随机数。
- Math.round(x)：返回 x 的四舍五入值，0.5 向上取整。例如，2.5 舍入为 3，-2.5 舍入为-2。

【例 5-9】 使用 Math 对象。源文件：05\test5-9.html。

```
<html>
<body>
    <script>
        document.write('Math 中的数学常量: ')
        document.write('<br>Math.E=' + Math.E)
        document.write(', Math.LN10=' + Math.LN10)
        document.write('<br>Math.LN2=' + Math.LN2)
        document.write(', Math.LOG10E=' + Math.LOG10E)
        document.write('<br>Math.LOG2E=' + Math.LOG2E)
        document.write(', Math.PI=' + Math.PI)
        document.write('<br>Math.SQRT2=' + Math.SQRT2)
        document.write(', Math.SQRT1_2=' + Math.SQRT1_2)
        document.write('<p>使用 Math 中的数学函数: ')
        document.write('<br>Math.abs(-5)=' + Math.abs(-5))
        document.write(', Math.sin(10)=' + Math.sin(10))
        document.write('<br>Math.cos(10)=' + Math.cos(10))
        document.write(', Math.tan(10)=' + Math.tan(10))
        document.write('<br>Math.asin(0.5)=' + Math.asin(0.5))
        document.write(', Math.acos(0.8)=' + Math.acos(0.8))
```

```
            document.write('<br>Math.atan(0.6)=' + Math.atan(0.6))
            document.write(', Math.ceil(3.56)=' + Math.ceil(3.56))
            document.write('<br>Math.floor(3.56)=' + Math.floor(3.56))
            document.write(', Math.log(10)=' + Math.log(10))
            document.write('<br>Math.max(1,12,5,20)=' + Math.max(1,12,5,20))
            document.write(', Math.min(1,12,5,20)=' + Math.min(1, 12, 5, 20))
            document.write('<br>Math.pow(2,10)=' + Math.pow(2, 10))
            document.write(', Math.random()=' + Math.random())
            document.write('<br>Math.round(3.56)=' + Math.round(3.56))
        </script>
    </body>
</html>
```

在浏览器中的运行结果如图 5-9 所示。

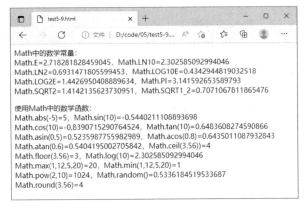

图 5-9　使用 Math 对象

5.3.2　Date 对象

Date 对象用于处理日期和时间。

Date 对象的构造函数如下。

- Date()：创建表示当前日期时间的 Date 对象。

- Date(msecond)：创建整数 msecond 表示的 Date 对象。msecond 为要创建的日期距离 1970 年 1 月 1 日 00:00:00 的毫秒值。

- Date(datestring)：用日期时间字符串 datestring 创建 Date 对象。

- Date(year,month,day,hour,minute,second,msecond)：创建指定了年、月、日、小时、分钟、秒和毫秒的 Date 对象。

Date 对象的常用方法如下。

- getFullYear()：返回日期中的完整年份（4 位整数）。

- getMonth()：返回日期中的月份（0~11），1 月为 0。

- getDate()：返回日期中的日数（1~31）。

- getDay()：返回星期几（0~6），星期日为 0。

- getHours()：返回小时数（0~23）。

- getMinutes()：返回分钟数（0~59）。

- getSeconds()：返回秒数（0~59）。
- getMilliseconds()：返回毫秒数（0~999）。
- getTime()：返回当前时间与 1970 年 1 月 1 日 0 点整之间的毫秒数。
- setYear()：设置日期中的年。
- setMonth()：设置日期中的月。
- setDate()：设置日期中的日。
- setDay()：设置星期几。
- setHours()：设置小时数。
- setMinutes()：设置分钟数。
- setSeconds()：设置秒数。
- setTime()：用距 1970 年 1 月 1 日 0 点整的毫秒数来设置时间。
- setMillisecond()：设置毫秒数。
- toString()：将 Date 对象转换为字符串。
- toLocaleString()：将 Date 对象转换为本地字符串。
- toDateString()：将 Date 对象转换为只含日期的字符串。
- toLocaleDateString()：将 Date 对象转换为只含日期的本地字符串。
- toTimeString()：将 Date 对象转换为只含时间的字符串。
- toLocaleTimeString()：将 Date 对象转换为只含时间的本地字符串。

【例 5-10】 使用 Date 对象。源文件：05\test5-10.html。

```
<html>
<body>
    <script>
        var a = new Date()
        week = ["日", "一", "二", "三", "四", "五", "六"]
        y = a.getFullYear();   m = a.getMonth()
        d = a.getDate();       w = a.getDay()
        h = a.getHours();      mm = a.getMinutes()
        ss = a.getSeconds()
        str = y + "年" + m + "月" + d + "日, 星期" + week[w] + " " + h + ":" + mm + ":" + ss
        document.write('当前日期: ' + str)
        document.write('<br>toString: ' + a.toString())
        document.write('<br>toLocaleString: ' + a.toLocaleString())
        document.write('<br>toDateString: ' + a.toDateString())
        document.write('<br>toLocaleDateString: ' + a.toLocaleDateString())
        document.write('<br>toTimeString: ' + a.toTimeString())
        document.write('<br>toLocaleTimeStringString: ' + a.toLocaleTimeString())
        a.setFullYear(2015)            //改变年份
        a.setMonth(8)                  //改变月份
        a.setHours(20)                 //改变小时数
        document.write('<p>修改后的日期: ' + a.toLocaleString())
    </script>
</body>
</html>
```

在浏览器中的运行结果如图 5-10 所示。

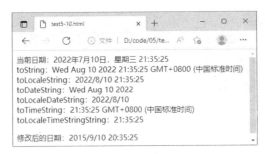

图 5-10　使用 Date 对象

5.3.3　String 对象

String 对象提供了一系列用于处理字符串的属性和方法。

String 对象

1. 构造函数

String 对象提供了两个构造函数。

- new String(s)：创建一个保存字符串的对象，类型为 object。参数 s 不是字符串时，JavaScript 会将其转换为字符串。
- String(s)：将参数 s 转换为普通字符串，类型为 string。

2. String 对象属性

length 属性用于返回字符串对象中保存的字符个数。

```
var n = "abc".length          //n 的值为 3
```

这说明字符串"abc"是对象吗？答案是否定的。在执行该语句时，JavaScript 会隐式地将字符串"abc"转换为 String 对象，然后通过对象返回 length 属性。

3. String 对象方法

String 对象常用方法如下。

- charAt(n)：返回字符串中的第 *n* 个字符，第 1 个字符位置为 0。
- charCodeAt(n)：返回字符串中第 *n* 个字符的 Unicode。
- contact(value1,value2,…)：将参数提供的多个值按顺序添加到当前字符串末尾，返回新的字符串。
- indexOf(s,start)：s 为要查找的字符串，start 为搜索开始位置（可省略）。方法从给定位置开始在原字符串中搜索给定字符串，返回该字符串第 1 次出现的位置。省略搜索位置时，从第 1 个字符开始搜索。如果不包含给定字符串，返回值为-1。
- lastIndexOf()：与 indexOf()方法类似，返回给定字符串最后一次出现的位置。
- replace(a,b)：将字符串中与 a 匹配的字符替换为 b 中的字符串。a 可以是一个正则表达式对象，a 具有全局属性 g 时，替换所有匹配的字符串，否则只替换第 1 个匹配字符串。a 为简单字符串时，也只替换第 1 个匹配字符串。
- search(a)：在字符串对象中查找与 a 匹配的子字符串。若 a 不是正则表达式对象，会先将其转换为正则表达式对象。如果包含匹配的字符串，返回第 1 个匹配的字符串位置，否则返回-1。

- slice(start,end): 返回字符串中从 start 位置开始的，end 之前（不包含 end）的子字符串。参数为负数时，从字符串末尾开始计算位置。–1 表示字符串最后一个字符。
- split(dm,len): 使用 dm 指定的分隔符将字符串分解为字符串数组，数组最多 len 个元素。len 省略时，分解整个字符串。
- substring(m,n): 与 slice() 类似。区别在于，substring() 将两个参数中的较小值作为开始位置，将另一个参数作为结束位置。
- toLowerCase(): 将字符串中所有字母转换为小写。
- toUpperCase(): 将字符串中所有字母转换为大写。

4. 使用 String 对象将字符串转换为 HTML 标记的方法

String 对象提供了用于将字符串转换为 HTML 标记的方法。

- anchor(): 将字符串转换为 <a> 标记，参数作为标记 name 属性的值。
- bold(): 将字符串转换为 <b> 标记。
- italics(): 将字符串转换为 <i> 标记。
- strike(): 将字符串转换为 <strike> 标记。
- fixed(): 将字符串转换为 <tt> 标记。
- fontcolor(): 将字符串转换为 <font> 标记，设置颜色。
- fontsize(): 将字符串转换为 <font> 标记，设置字号。
- link: 将字符串转换为 <a> 标记，参数作为标记 href 属性的值。
- sub: 将字符串转换为 <sub> 标记。

【例 5-11】 使用 String 对象。源文件: 05\test5-11.html。

```html
<html>
<body>
    <script>
        var a=new String(123)
        document.write('a 的数据类型: ' + typeof a)
        document.write('<br>String(a)的数据类型: ' + typeof String(a))
        var n = "abc".length
        document.write('<br>"abc".length = ' + n)
        var a = new String('0123456789')
        document.write('<br>a.slice(3, 7) = ' + a.slice(3, 7))
        document.write(', a.slice(7, 3) = ' + a.slice(7, 3))
        document.write('<br>a.substring(3, 7) = ' + a.substring(3, 7))
        document.write('<br>"JavaScript".toLowerCase() = ' + "JavaScript".toLowerCase())
        document.write('<br>"JavaScript".toUpperCase() = ' + "JavaScript".toUpperCase())
        document.write('<br>"JavaScript".toUpperCase() = ' + "I like JavaScript".split(' '))
        document.write("<p>a = '人邮教育'; 执行各种 HTML 转换: ")
        a = '人邮教育'
        b = a.anchor('jike')                                //转换为<a>标记
        b = b.replace(/</g, '&lt;').replace(/>/g, '&gt;')   //转换 HTML 标记硬编码，便于在浏览器中显示
        document.write("<br>a.anchor('jike') = " + b)
        b = a.link('http://www.ryjiaoyu.com')               //转换为<a>标记
        b = b.replace(/</g, '&lt;').replace(/>/g, '&gt;')
        document.write("<br>a.link('http://www.ryjiaoyu.com') = " + b)
```

```
        b = a.bold()                                      //转换为<b>标记
        b = b.replace(/</g, '&lt;').replace(/>/g, '&gt;')
        document.write("<br>a.bold()= " + b)
        b = a.italics()                                   //转换为<i>标记
        b = b.replace(/</g, '&lt;').replace(/>/g, '&gt;')
        document.write("<br>a.italics()= " + b)
        b = a.strike()                                    //转换为<strike>标记
        b = b.replace(/</g, '&lt;').replace(/>/g, '&gt;')
        document.write("<br>a.strike()= " + b)
    </script>
    <div id="show"></div>
</body>
</html>
```

在浏览器中的运行结果如图 5-11 所示。

图 5-11　使用 String 对象

5.4　类

在 JavaScript 中，对象是特定属性的集合，类则是同一类对象的共享属性和方法的集合。JavaScript 的类使用基于原型的继承机制，继承同一个原型的所有对象是同一个类的实例（也称实例对象或类的成员）。JavaScript 一直允许定义类，只是没有明确类的概念。ES6 增加了类的相关语法，包括 class 关键字。

5.4.1　使用工厂函数定义类

早期的 JavaScript 支持使用工厂函数创建对象，工厂函数可看作类的定义。工厂函数通过原型对象来定义类的属性和方法。

【例 5-12】使用工厂函数创建对象。源文件：05\test5-12.html。

```
<html>
<body>
    <script>
        function Book(name, writer) {                      //定义类的工厂函数
            //使用工厂函数 Book()创建对象，Book.methods 定义类的共享的方法
```

使用工厂函数
定义类

```
                let obj = Object.create(Book.methods)        //创建类的原型对象
                //使用参数初始化新对象的属性
                obj.name = name
                obj.writer = writer
                return obj
            }
            //定义原型对象 Book.methods,原型对象包含多个方法
            Book.methods = {
                reName(name) { this.name = name },           //修改属性
                reWriter(writer) { this.writer = writer },   //修改属性
                toString() { return '书名: ' + this.name + ', 作者: ' + this.writer } //将对象转换为字符串
            }
            var a=Book('红楼梦','曹雪芹')                      //使用工厂函数创建对象
            document.write(a)                                //在页面中输出对象信息
            a.reName('三国演义')                              //修改属性
            a.reWriter('罗贯中')                              //修改属性
            document.write('<br>'+a)                         //在页面中输出更改后的对象信息
        </script>
    </body>
</html>
```

在浏览器中的运行结果如图 5-12 所示。

在例 5-12 中,工厂函数 Book()首先调用 Object.create()方法,使用包含多个方法的原型对
象作为参数,创建了一个类的原型对象,然后为该对
象创建两个属性 name 和 writer,并使用工厂函数参
数初始化属性 name 和 writer,最后工厂函数返回创
建的对象。在类的方法中,this 关键字引用当前实例
对象。

图 5-12　使用工厂函数创建对象

从工厂函数 Book()的定义可以看出,调用工厂函数创建的新对象继承了 Object.create()方法
创建的对象。这意味着,调用同一个工厂函数创建的不同对象继承了不同的原型
对象。

5.4.2　使用构造函数定义类

JavaScript 可使用 new 关键字调用构造函数创建新对象,对新对象进行初
始化。构造函数的 prototype 属性值作为新对象的原型,这也说明使用同一个构
造函数创建的所有对象均继承同一个原型,都是同一个类的实例对象。

【例 5-13】　使用构造函数定义类。源文件:05\test5-13.html。

本例修改例 5-12 中的工厂函数 Book()的定义,使用构造函数来定义类。

```
<html>
<body>
    <script>
        function Book(name, writer) {                    //定义类的构造函数
            //使用参数初始化新对象的属性,非共享属性
            this.name = name
            this.writer = writer
```

109

```
        }
        //定义类的原型对象，属性名必须为 prototype 才能使其称为类的原型对象
        Book.prototype = {
            reName(name) { this.name = name },              //修改属性，this 引用当前对象
            reWriter(writer) { this.writer = writer },      //修改属性
            toString() { return '书名: ' + this.name + ', 作者: ' + this.writer } //将对象转换为字符串
        }
        var a=new Book('红楼梦','曹雪芹')                    //使用构造函数创建对象
        document.write(a)                                   //在页面中输出对象信息
        a.reName('三国演义')
        a.reWriter('罗贯中')
        document.write('<br>'+a)                            //在页面中输出更改后的对象信息
    </script>
</body>
</html>
```

在浏览器中的运行结果如图 5-13 所示。

图 5-13　使用构造函数定义类

例 5-13 使用 new 关键字调用 Book()构造函数，没有调用 Object.create()方法，没有显式的创建对象操作。JavaScript 在调用构造函数前，先自动使用 Book.prototype 作为原型创建一个对象，然后在构造函数中使用 this 关键字引用该对象。

5.4.3　使用 class 关键字定义类

ES6 增加了 class 关键字，使 JavaScript 具有了类似于 Java 和 C++的类定义方式。class 关键字定义类的基本语法格式如下。

```
class 类名 {
    constructor(参数) {                          //定义类的构造函数
        //使用参数初始化新对象的属性
        ...
    }
    //定义类的方法
    ...
}
```

【例 5-14】　使用 class 关键字定义类。源文件：05\test5-14.html。
本例修改例 5-12 中的工厂函数 Book()的定义，使用 class 关键字来定义类。

```
<html>
<body>
    <script>
        class Book {                              //定义类
            constructor(name, writer) {           //定义类的构造函数
```

```
                //使用参数初始化新对象的属性，非共享属性
                this.name = name
                this.writer = writer
            }
            //定义类的方法
            reName(name) { this.name = name }      //修改属性，this 引用当前对象
            reWriter(writer) { this.writer = writer }     //修改属性
            toString() { return '书名: ' + this.name + ', 作者: ' + this.writer } //将对象转换为字符串
        }
        var a = new Book('红楼梦', '曹雪芹')          //使用构造函数创建对象
        document.write(a)                         //在页面中输出对象信息
        a.reName('三国演义')
        a.reWriter('罗贯中')
        document.write('<br>' + a)               //在页面中输出更改后的对象信息
    </script>
</body>
</html>
```

在浏览器中的运行结果如图 5-14 所示。

图 5-14　使用 class 关键字定义类

5.4.4　为类添加和修改方法

为类添加和修改方法

JavaScript 基于原型的继承机制，允许通过修改类的 prototype 属性为类的原型对象添加和修改属性，从而实现为类添加和修改方法。不管是否在修改原型对象之前创建实例对象，所有实例对象均可继承添加和修改的属性。

【例 5-15】 为类添加和修改方法。源文件：05\test5-15.html。

```
<html>
<body>
    <script>
        class Book {                                           //定义类
            constructor(name, writer) {                        //定义类的构造函数
                //使用参数初始化新对象的属性，非共享属性
                this.name = name
                this.writer = writer
            }
            toString() { return '书名: ' + this.name + ', 作者: ' + this.writer } //将对象转换为字符串
        }
        var a = new Book('红楼梦', '曹雪芹')                  //使用构造函数创建对象
        document.write(a)                                     //此处调用a.toString()方法
        Book.prototype.addPublish = function (x) { this.publish = x }  //添加方法为对象增加属性
        Book.prototype.toString = function () {              //修改字符串转换方法
```

```
        ss = ''
        for (p in this) { ss += p + ': ' + this[p] + '<br>' }      //枚举类的属性
        return ss
    }
    a.addPublish('人民邮电出版社')                              //调用增加的方法为对象增加属性
    document.write('<br>添加和修改方法后的输出: <br>' + a)       //调用修改后的 toString()方法
    </script>
</body>

</html>
```

在浏览器中的运行结果如图 5-15 所示。

图 5-15　为类添加和修改方法

5.4.5　子类

在面向对象中，通过扩展类 A 得到类 B，则类 A 是父类，类 B 是子类。子类可继承父类的所有方法。如果子类定义了与父类同名的方法，则子类的方法覆盖父类的同名方法，这称为方法的重载。

子类

JavaScript 使用 extends 关键字定义子类，在子类中可使用 super 关键字调用父类的构造函数。

【例 5-16】 定义和使用子类。源文件：05\test5-16.html。

```
<html>

<body>
    <script>
        class Book {                              //定义父类
            constructor(name, writer) {           //定义类的构造函数
                this.name = name
                this.writer = writer
            }
            toString() { return '书名: ' + this.name + ', 作者: ' + this.writer } //将对象转换为字符串
        }
        class Poem extends Book {                  //定义子类
            constructor(name, writer, content) {   //定义类的构造函数
                super(name, writer)                //调用父类的构造函数
                this.content = content
            }
            toString() {                           //重载方法，将对象转换为字符串
```

```
                return this.name + "<br>" + this.writer + "<br>" + this.content
            }
        }
        var s = '碧玉妆成一树高，万条垂下绿丝绦。<br/>不知细叶谁裁出，二月春风似剪刀。'
        var a = new Poem('咏柳', '贺知章', s)      //使用构造函数创建对象
        document.write(a)                         //此处调用a.toString()方法
    </script>
</body>
</html>
```

在浏览器中的运行结果如图 5-16 所示。

在子类中使用 super 关键字调用父类的构造函数，需要注意的是，子类应在使用 this 关键字之前调用父类的构造函数。如果子类的构造函数未调用父类构造函数，JavaScript 会自动添加 super()，以便调用父类的构造函数。

图 5-16　定义和使用子类

5.5　编程实践：输出随机素数

编程实践：输出
随机素数

本节综合应用本章所学知识，使用 JavaScript 脚本在浏览器中输出 10 个 100 以内的随机素数，按从小到大的顺序输出，如图 5-17 所示。

图 5-17　输出随机素数

Math.random()方法返回[0,1)范围内的一个随机数。返回[a,b)范围内的随机整数可使用下面的语句。

```
var x = parseInt((b - a + 1) * Math.random()) + a
```

具体操作步骤如下。

（1）在 VS Code 中选择"文件\新建文本文件"命令，新建一个文本文件。

（2）单击"选择语言"选项，打开语言列表。在语言列表中单击"HTML"，将语言设置为 HTML。

（3）在编辑器中输入如下代码。

```
<html>
<body>
    <script>
        var n = 0                                    //用于对素数进行计数
        var a = 2, b = 100
        var data = new Array()                       //创建一个空数组，保存素数
        document.write("10个[" + a + "," + b + "]范围内的随机素数: <br>")
        while (n < 10) {
```

```
                    var x = parseInt((b - a + 1) * Math.random()) + a
                                                                        //检验 x 是否是素数
                    var i
                    for (i = 2; i <= x / 2; i++)
                        if (x % i == 0) break
                    if (i > x / 2) {
                                                                        //是素数，判断是否已有
                        var s = data.join()
                        if (s.indexOf(x) < 0) {
                                                                        //x 是未出现过的素数，保存并计数
                            data[n] = x
                            n++
                        }
                    }
                }
                                                                        //对数组排序
                data.sort(function (x, y) { return x - y })
                                                                        //输出数组
                for (i in data)
                    var i = 0, len = data.length; i < len; i++
                    document.write(data[i] + '  ')
        </script>
    </body>
</html>
```

（4）按【Ctrl+S】组合键保存文件，文件名为 test5-17.html。

（5）按【Ctrl+F5】组合键运行文件，查看运行结果。

5.6　小结

　　本章主要介绍了 JavaScript 面向对象的特性：对象、原型对象和继承、内置对象（Math、Date 和 String）以及类。JavaScript 采用基于原型的继承机制，这与 Java、C++等面向对象编程语言有所不同，理解了原型继承，才能更好地掌握 JavaScript 的面向对象。

5.7　习题

一、填空题

1. JavaScript 使用＿＿＿＿括起来的多个"键/值"对表示对象常量。

2. new Array()以＿＿＿＿作为原型对象。

3. Object 的＿＿＿＿方法可用指定参数创建对象。

4. 对象属性使用＿＿＿＿运算符来访问。

5. 可使用＿＿＿＿循环来遍历对象的属性。

6. 在方法中可用＿＿＿＿关键字来引用当前对象。

7. JavaScript 使用构造函数的＿＿＿＿属性值作为新对象的原型。

8. JavaScript 允许通过修改类的＿＿＿＿属性为类的原型对象添加和修改属性。

9. JavaScript 使用_____关键字定义子类。

10. 在子类中可使用_____关键字调用父类的构造函数。

二、操作题

1. 编写一个 HTML 文档，在浏览器中输出 10 个[100,9999]范围内的随机回文数字，如图 5-18 所示。

2. 编写一个 HTML 文档，在浏览器中实时显示当前日期时间，运行结果如图 5-19 所示。

图 5-18　操作题 1 运行结果　　　　　　　　　图 5-19　操作题 2 运行结果

3. 编写一个 HTML 文档，随机生成一个包含 100 个小写或大写字母的字符串，统计各个字母出现的次数，将字符串和字母出现的次数输出到浏览器，如图 5-20 所示。

4. 编写一个 HTML 文档，在浏览器中输入矩阵的行列数，单击"生成矩阵"按钮，在页面中输出一个由 100 以内随机整数组成的矩阵。运行结果如图 5-21 所示。

图 5-20　操作题 3 运行结果　　　　　　　　　图 5-21　操作题 4 运行结果

要求：定义一个类表示矩阵，分别用类的属性保存矩阵的行、列和数据，定义 toString() 方法将矩阵转换为 HTML 的表格。

5. 编写一个 HTML 文档，在浏览器中输入矩阵的行列数，单击"完成矩阵加法"按钮，生成两个由 100 以内随机整数组成的矩阵，计算两个矩阵的和，在页面中输出这两个矩阵及矩阵和，如图 5-22 所示。

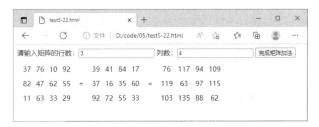

图 5-22　操作题 5 运行结果

要求：扩展习题 4 中定义的矩阵类，在子类中增加一个方法 add()，完成两个矩阵的加法。

第 6 章

浏览器对象

重点知识：	Window 对象
	Document 对象
	Form 对象

JavaScript 提供了和浏览器有关的各种内置对象（如 Window 对象、Document 对象、Screen 对象、Navigator 对象、Form 对象等），用于控制浏览器以及浏览器中显示的文档。本章将主要介绍 Window 对象、Document 对象和 Form 对象。

6.1　Window 对象

Window（窗口）对象是客户端 JavaScript 程序的顶级全局对象，所有的其他全局对象都是 Window 对象的属性。

6.1.1　Window 对象层次结构

Window 对象代表了当前浏览器窗口。window（小写）关键字用于引用当前窗口的 Window 对象。每个 Window 对象均有一个 document 属性，用于引用窗口中代表 Web 文档的 Document 对象。Document 对象的 forms 数组包含了文档中的所有 Form 对象。可用下面的表达式引用第 1 个表单。

```
window.document.forms[0]
```

每个浏览器窗口中的所有对象构成了以 Window 对象为根节点的层次结构，通过 Window 对象可引用当前窗口和文档中的所有对象。

图 6-1 说明了浏览器对象的层次结构。

6.1.2　Window 对象的常用属性和方法

1. Window 对象常用属性

Window 对象的常用属性如下。

- defaultStatus：设置或返回浏览器状态栏显示的默认信息。

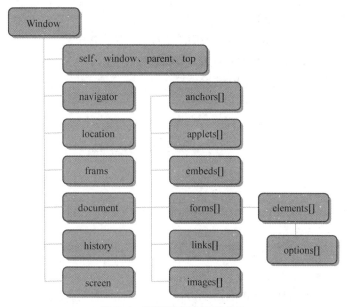

图 6-1　浏览器对象的层次结构

- status：设置或返回浏览器状态栏显示的即时信息。
- document：引用 Document 对象。
- navigator：引用包含客户端浏览器信息的 Navigator 对象。
- frames：窗口中所有框架对象的集合。
- history：引用表示浏览器历史的 History 对象。
- location：引用表示浏览器 URL 的 Location 对象。
- name：设置或返回窗口名称，窗口名称可作为<a><form>等标记的 target 属性值。

2．Window 对象的常用方法

Window 对象的常用方法如下。

- alert()：显示警告信息对话框。
- confirm()：显示确认对话框。
- prompt()：显示输入对话框。
- blur()：使窗口失去焦点，即成为非活动窗口。
- focus()：使窗口成为活动窗口。
- close()：关闭窗口。
- createPopup()：创建一个弹出式窗口。
- setInterval()：设置经过指定时间间隔执行的函数或计算表达式。
- clearInterval()：取消由 setInterval()方法设置的定时时间。
- setTimeout()：设置在指定的毫秒数后执行的函数或计算表达式。
- clearTimeout()：取消由 setTimeout()方法设置的指定时间。
- moveBy()：相对于窗口当前坐标移动指定的像素。
- moveTo()：将窗口左上角移动到指定的坐标。
- open()：在一个新的浏览器窗口或已打开的命名窗口中打开 URL。

- print()：输出当前窗口内容。
- resizeBy()：按照指定的像素调整窗口的大小。
- resizeTo()：把窗口的大小调整到指定的宽度和高度。
- scrollBy()：按照指定的像素来滚动内容。
- scrollTo()：把内容滚动到指定的坐标。

浏览器窗口的 Window 对象是顶级对象，在访问其属性和方法时，可省略对象名称。例如，window.document 和 document 是等价的，都表示引用 Document 对象。

6.1.3 定时操作

Window 对象的 setInterval()和 setTimeout()方法用于执行定时操作，其基本语法格式如下。

```
setInterval(函数名称,n)
setTimeout(函数名称,n)
```

参数 n 为整数，单位为毫秒。setInterval()方法以指定时间为间隔，重复执行函数。setTimeout()方法在指定时间结束时执行函数。

【例6-1】 定时循环显示图片。源文件：06\test6-1.html。

```html
<html>
<body>
    <img id="img0" src="images/img0.jpg" width="100" height="100" />
    <img id="img1" src="images/img1.jpg" width="100" height="100" />
    <img id="img2" src="images/img2.jpg" width="100" height="100" />
    <img id="img3" src="images/img3.jpg" width="100" height="100" />
    <img id="img4" src="images/img4.jpg" width="100" height="100" />
    <img id="img5" src="images/img5.jpg" width="100" height="100" />
    <script>
        setInterval(changeimg,2000)
        function changeimg() {
            var tem = document.getElementById('img0').src
            for (var i = 0; i < 5; i++) {
                var img1 = document.getElementById('img' + i)
                var img2 = document.getElementById('img' + (i+1))
                img1.src =img2.src
            }
            document.getElementById('img5').src=tem
        }
    </script>
</body>
</html>
```

在浏览器中的运行结果如图 6-2 所示。

图6-2 定时循环显示图片

使用 setTimeout()方法获得同样效果的脚本如下。

```
<script>
    setTimeout(changeimg,2000)
    function changeimg() {
        var tem = document.getElementById('img0').src
        for (var i = 0; i < 5; i++) {
            var img1 = document.getElementById('img' + i)
            var img2 = document.getElementById('img' + (i+1))
            img1.src =img2.src
        }
        document.getElementById('img5').src = tem
        setTimeout(changeimg, 2000)
    }
</script>
```

6.1.4 错误处理

错误处理

Window 对象的 onerror 属性可设置为用于处理脚本错误的函数。脚本发生错误时，JavaScript 会执行该函数，并向函数传递 3 个参数：第 1 个参数为错误描述信息，第 2 个参数为文档的 URL，第 3 个参数为错误所在行的行号。

错误处理函数的返回值具有特殊意义。通常发生错误时，浏览器会用对话框或在状态栏中显示错误信息。如果错误处理函数返回值为 true，则浏览器不再向用户显示错误信息。

【例 6-2】 使用 Window 对象的 onerror 属性处理脚本错误。源文件：06\test6-2.html。

```
<html>
<body>
    <script>
        window.onerror = function (msg, url, line) {
            alert('出错了: \n 错误信息: '+msg+'\n 错误文档: '+url+'\n 出错位置: '+line)
        }
        var a = 10
        x = a + b          //错误: b 没有定义
    </script>
</body>
</html>
```

在浏览器中的运行结果如图 6-3 所示。

图 6-3 使用 Window 对象的 onerror 属性处理脚本错误

6.1.5　Navigator 对象

Window 对象的 navigator 属性可引用包含客户端浏览器信息的 Navigator 对象。Navigator 对象的常用属性如下。

Navigator 对象

- appCodeName：返回浏览器的代码名称。
- appMinorVersion：返回浏览器的次级版本。
- appName：返回浏览器的名称。
- appVersion：返回浏览器的平台和版本信息。
- browserLanguage：返回当前浏览器的语言。
- cookieEnabled：返回浏览器中是否启用 cookie。
- cpuClass：返回浏览器系统的 CPU 等级。
- onLine：返回浏览器是否联网。
- platform：返回运行浏览器的操作系统名称。
- systemLanguage：返回操作系统默认语言。
- userAgent：返回浏览器发送给服务器的 user-agent 头部值。
- userLanguage：返回用户语言设置。

【例 6-3】 获取浏览器信息。源文件：06\test6-3.html。

```html
<html>
<body>
    <script>
        var nv = window.navigator;        //引用浏览器 Navigator 对象
        document.write("浏览器详细信息如下: <hr>");
        for (var i in nv) {
            document.write(i + ": " + nv[i] + "<br>");
        }
    </script>
</body>
</html>
```

在浏览器中的运行结果如图 6-4 所示。

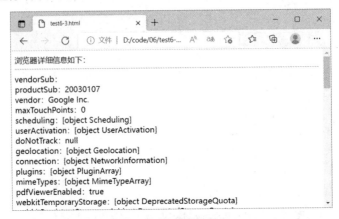

图 6-4　获取浏览器信息

Screen 对象

6.1.6　Screen 对象

Window 对象的 screen 属性用于引用 Screen 对象，以便获取显示器的相关信息。

【例 6-4】　获取显示器信息。源文件：06\test6-4.html。

```html
<html>
<body>
    你的显示器相关信息如下：<br>
    <script>
        document.write('显示器宽度 width = ' + screen.width)
        document.write('<br>显示器高度 height = ' + screen.height)
        document.write('<br>显示器实际宽度 availWidth= ' + screen.availWidth)
        document.write('<br>显示器实际高度 availHeight= ' + screen.availHeight)
        document.write('<br>显示器色深 colorDepth = ' + screen.colorDepth)
    </script>
</body>
</html>
```

在浏览器中的运行结果如图 6-5 所示。

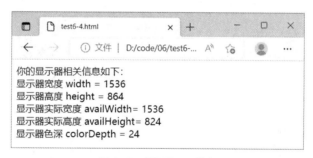

图 6-5　获取显示器信息

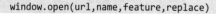

6.1.7　窗口操作

窗口操作

Window 对象提供了打开、关闭、改变大小和移动等窗口控制方法。

1. 打开窗口

open() 方法用于打开浏览器窗口，其基本语法格式如下。

```
window.open(url,name,feature,replace)
```

各参数均可省略，含义如下。

- url：窗口中显示文档的 URL。
- name：新窗口的名称。该名称可用作 `<a>` `<form>` 等标记的 target 属性值。若 name 是已经打开的窗口的名称，则不会打开新窗口，而在该窗口中打开 URL。
- feature：指定窗口特征。省略该参数时为标准浏览器窗口。表 6-1 列出了浏览器特征字符串。
- replace：参数为 true，表示用 URL 替换浏览器历史中的当前条目；参数为 false，表示将 URL 作为新条目添加到浏览器历史中。

表 6-1　浏览器特征字符串

特征参数	特征值	说明
fullscreen	yes、no	是否全屏，默认为 no
height	像素	窗口高度
left	像素	窗口左边距
location	yes、no	是否显示地址栏，默认为 no
menubar	yes、no	是否显示菜单栏，默认为 no
resizable	yes、no	是否允许改变窗口大小，默认为 no
scrollbars	yes、no	是否显示滚动条，默认为 no
status	yes、no	是否显示状态栏，默认为 yes
titlebar	yes、no	是否显示标题栏，默认为 yes
toolbar	yes、no	是否显示工具栏，默认为 no
top	像素	窗口上边距
width	像素	窗口宽度

示例如下。

```
w=window.open('', 'neww','width=320,height=240')
```

该语句打开一个空白窗口，窗口名称为 neww，宽度为 320，高度为 240。变量 w 引用打开的窗口。

2. 关闭窗口

close()方法用于关闭窗口。

```
windows.close()            //关闭当前窗口
w.close()                  //关闭变量 w 引用的窗口
```

【例 6-5】 打开和关闭窗口。源文件：06\test6-5.html。

```
<html>
<body>
    <script>
        var w              //用于引用打开的窗口
        function wopen() { w=window.open('', 'neww','width=320,height=240') }
        function wclose() { w.close() }
    </script>
    <a href="http://www.rymooc.com" target="neww">人邮学院</a><br>
    <button onclick="wopen()">打开窗口</button>
    <button onclick="wclose()">关闭窗口</button>
</body>
</html>
```

在浏览器中的运行结果如图 6-6 所示。单击窗口中的"打开窗口"按钮，可打开一个指定大小的空白窗口。回到原窗口，单击"人邮学院"链接，可在空白窗口中打开人邮学院主页。在原窗口中单击"关闭窗口"按钮，可关闭右侧显示人邮学院主页的窗口。

图 6-6　打开和关闭窗口

3. 移动窗口

moveTo()方法用于移动窗口。

【例 6-6】 实现可自动移动的窗口。源文件：06\test6-6.html。

```html
<html>
<body>
    <button onclick="wstop()">停止</button>
    <script>
        var x = 100 , y = 100                              //x、y用于保存窗口位置
        var w = 300 , h = 200                              //设置窗口宽度和高度
        var ww = screen.availWidth                         //获得屏幕实际宽度
        var ofx = 50                                       //ofx保存每次窗口位置的变化大小
        var time = 100                                     //设置改变位置的时间间隔
        var neww = open('', '', 'width=' + w + ',height=' + h)    //打开窗口
        neww.moveTo(x, y)                                  //设置窗口初始位置
        var t = setInterval('wmove()', time)               //创建定时器，定时移动窗口
        function wmove() {
            if (neww.closed)  clearInterval(t)             //窗口被关闭时，停止定时操作
            if ((x + ofx) < 0 || (x + ofx >= ww - w)) ofx = -ofx
            x += ofx
            neww.moveTo(x,y)
        }
        function wstop() {
            clearInterval(t)
            neww.close()
        }
    </script>
</body>
</html>
```

在浏览器中的运行结果如图 6-7 所示，浏览器打开一个空白窗口，该窗口左右移动。单击"停止"按钮，可关闭移动中的窗口。

图 6-7　可自动移动的窗口

6.1.8　用 ID 引用 HTML 标记

用 ID 引用 HTML
标记

Window 对象的属性在脚本中可作为全局变量使用。在 Window 对象没有同名的属性时，HTML 标记的 ID 成为 Window 对象的属性，所以可通过 ID 引用 HTML 标记，而不必使用 document.getElementById()方法查找标记。

若 Window 对象已经有了与标记 ID 同名的属性，此时就不能直接使用 ID 引用 HTML 标记。而且，不能保证浏览器版本升级不会为 Window 对象增加这个属性，所以必须谨慎使用 ID 引用 HTML 标记。

<a>、<applet>、<area>、<embed>、<form>、<frameset>、<iframe>、<img>和<object>等 HTML 标记的 name 属性也有同样的特点——IE 浏览器支持，其他大多数浏览器不支持。

【例 6-7】　用 ID 引用 HTML 标记。源文件：06\test6-7.html。

```
<html>
<body>
    <a id='myMsg' name="myTagA"> </a><br />
    <button onclick="showmsg()">试试</button>
    <button onclick="showmsg2()">再试试</button>
    <script>
        window.onerror = showerror
        function showmsg() {myMsg.innerHTML = "直接使用 ID 访问 HTML 标记" }
        function showmsg2() { myTagA.innerHTML = "直接使用 name 访问 HTML 标记"  }
        function showerror(msg,url,line) {
            myMsg.innerHTML = "出错了: <br>错误信息: "+msg+'<br>出错文件: '+url+'<br>出错行号: '+line
        }
    </script>
</body>
</html>
```

在 Edge 浏览器中的运行结果如图 6-8 所示。单击"试试"按钮，页面中显示"直接使用 ID 访问 HTML 标记"。

图 6-8　用 ID 和 name 引用 HTML 标记

单击"再试试"按钮则会报错，如图 6-9 所示。这说明浏览器不支持通过 name 属性引用 HTML 标记。

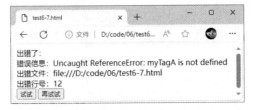

图 6-9　浏览器不支持通过 name 属性直接访问 HTML 标记

6.2　Document 对象

Document 对象表示浏览器中的 HTML 文档，并可访问文档中的所有标记，从而为 HTML 文档提供交互功能。

6.2.1　常用属性和方法

Document 对象的常用属性如下。

- activeElement：返回获得焦点的对象。
- alinkColor：设置或返回元素中所有激活链接的颜色。
- linkColor：设置或返回文档中未访问链接的颜色。
- vlinkColor：设置或返回用户已访问过的链接颜色。
- bgColor：设置或返回文档的背景颜色。
- fgColor：设置或返回文档的文本颜色。
- charset：设置或返回文档字符集。
- cookie：设置或返回当前文档的 cookie。
- doctype：返回当前文档的文档类型声明。
- documentElement：返回对文档根节点的引用。
- domain：设置或返回文档的域名。
- fileCreatedDate：返回文档创建的日期。
- fileModifiedDate：返回文档上次修改的日期。
- fileSize：返回文档大小。
- lastModified：返回文档的修改日期。
- URL：设置或返回当前文档的 URL。
- URLUnencoded：返回文档的 URL，去除所有字符编码。
- XMLDocument：返回文档的 XML 文档对象。
- XSLDocument：返回文档的 XSL 文档对象。
- all[]：返回文档中所有 HTML 标记的集合。
- anchors[]：返回文档中所有锚点<a>标记的集合。
- forms[]：返回文档中所有表单的集合。
- images[]：返回文档中所有<img>标记的集合。
- links[]：返回文档中所有指定了 href 属性的<a>和<area>标记的集合。

Document 对象的常用方法如下。

- close()：关闭用 open()方法打开的输出流。
- getElementById()：返回指定 ID 对应的 HTML 标记。
- getElementsByName()：返回指定名称的 HTML 标记的集合。
- getElementsByTagName()：返回指定标签名的 HTML 标记的集合。
- open()：打开输出流。

- write()：向文档写入一个字符串，字符串中可包含 HTML 代码和 JavaScript 脚本。
- writeln()：与 write()方法类似，只是在每个输出末尾添加一个换行符。注意在浏览器中，换行符显示为空格，不能起到换行作用。在浏览器中换行应使用
标记。

6.2.2　动态输出文档

Document 对象的 write()和 writeln()方法用于向文档写入内容。若在浏览器加载文档过程中执行 write()或 writeln()方法，输出内容显示在脚本对应位置。若在文档打开后执行 write()或 writeln()方法，会隐式地打开一个空白 HTML 文档，浏览器原来显示的文档被覆盖。

1. 输出 HTML 内容

write()和 writeln()方法输出的内容被浏览器视为 HTML 内容，即会对 HTML 标记进行处理，而不是原样显示。

【例 6-8】 向页面输出 HTML 内容。源文件：06\test6-8.html。

```
<html>
<body>
    <button id="doAdd" onclick="doAdd()">添加内容</button>
    <script>
        function doAdd() {
            document.write('<h1>动态输出的数据</h1>')
            document.write('<br>write 输出',100,'连续多个数据')
            document.writeln('<br>abc')
            document.writeln('def')
        }
    </script>
</body>
</html>
```

在浏览器中的运行结果如图 6-10 所示。页面中显示了一个按钮，单击"添加内容"按钮，write()和 writeln()方法向页面输出的内容代替了原内容。

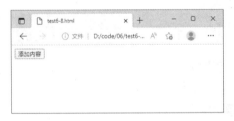

图 6-10　输出 HTML 内容

2. 输出 HTML 标记

document.open('text/plain')可以告诉浏览器输出的内容为纯文本，但浏览器已不再支持这种用法。

【例 6-9】 向页面输出 HTML 标记。源文件：06\test6-9.html。

```
<html>
<body>
```

```
<button id="doAddFrame" onclick="doAddToFrame()">添加内容</button>
<script>
        document.open('text/plain')
        document.write('<strike>动态输出的数据</strike>')
        document.write('<br>write 输出', 100, '连续多个数据')
        document.writeln('<br>abc')
</script>
</body>
</html>
```

在浏览器中的运行结果如图 6-11（a）所示。虽然调用了 open('text/plain')方法告诉浏览器输出的内容为纯文本，但浏览器仍然处理了其中的 HTML 标记。要在页面中输出 HTML 标记，可将 HTML 标记的 "<" 符号替换为 "<"，替换后浏览器中的输出内容如图 6-11（b）所示。

（a）　　　　　　　　　　　　　　　（b）

图 6-11　输出 HTML 标记

6.2.3　了解 DOM

文档对象模型（Document Object Model，DOM）定义了访问 HTML 和 XML 文档的标准，允许脚本更新文档的内容、结构和样式。DOM 是万维网联盟（World Wide Web Consortium，W3C）标准，包含 HTML DOM（用于 HTML 文档）和 XML DOM（用于 XML 文档）。本书主要介绍 HTML DOM，后续内容中的 DOM 都指 HTML DOM。

1. HTML 文档的 DOM 树

浏览器加载一个 HTML 文档时，就会为其建立 DOM 模型。考查 HTML 文档，其完整 DOM 树如图 6-12 所示。

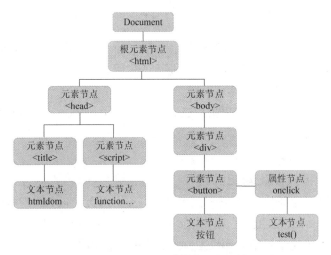

图 6-12　HTML 文档的 DOM 树

```
<html>
<head>
    <title>htmldom</title>
    <script>
        function test() { alert('这是按钮单击响应') }
    </script>
</head>
<body> <div><button onclick="test()">按钮</button></div>
</body>
</html>
```

在 DOM 中，HTML 文档的所有内容都是节点（Node），所有节点构成一棵结构树。

2. 节点类型

节点的 nodeType 属性返回节点类型。节点主要有下列几种类型。

- 元素节点：nodeType 值为 1，HTML 标记为元素节点。
- 属性节点：nodeType 值为 2，HTML 标记的属性为属性节点。
- 文本节点：nodeType 值为 3，HTML 标记内的文本为文本节点。
- 注释节点：nodeType 值为 8，注释内容为注释节点。
- 文档节点：nodeType 值为 9，整个文档是一个文档节点，是 DOM 树的根（root）节点。

3. 节点关系

DOM 树中节点之间的关系可用父（parent）、子（child）和兄弟（sibling）等术语来描述。
节点关系具有下列特点。

- 父节点拥有一个或多个子节点。
- 子节点只有一个父节点。
- 同级的子节点称为兄弟，兄弟节点拥有相同父节点。
- 在 DOM 树中，顶端节点被称为根（root）。
- 除了根节点外，每个节点都有父节点。
- 一个节点可拥有任意数量的子节点。

6.2.4 获得 HTML 标记引用

获得 HTML 标记
引用

JavaScript 脚本大多数操作的目标对象都是 HTML 标记，使用 Document
对象的各种 getElementX()方法可获得 HTML 标记的引用。

1. 通过 ID 获得 HTML 标记引用

所有 HTML 标记都具有 id 属性，其值在文档中唯一。使用 Document 对象的 getElementById()
方法可获得指定 ID 的标记的引用。

```
var msg = document.getElementById("showmsg")
```

2. 通过 name 获得 HTML 标记引用

Document 对象的 getElementsByName()方法返回指定 name 的所有标记的引用。因为
HTML 允许标记的 name 属性值重复，所以 getElementsByName()方法返回的是一个对象数组。
例如，下面的语句获得第 1 个 name 属性为 news 的标记的引用。

```
var msg = document.getElementsByName("news")[0]
```

3. 通过标记名称获得 HTML 标记引用

Document 对象的 getElementsByTagName()方法返回指定标记名称的所有标记的引用。例如，下面的语句获得第 1 个\<div\>标记的引用。

```
var div1= document.getElementsByTagName("div")[0]
```

4. 通过 CSS 类获得 HTML 标记引用

Document 对象的 getElementsByClassName()方法返回指定类名的所有标记的引用。HTML 标记的 class 属性设置了该标记使用的 CSS 类名。例如，下面的语句获得第 1 个类名属性为 subtitle 的标记的引用。

```
var title1 = document.getElementsByClassName("subtitle")[0]
```

5. 通过 CSS 选择器获得 HTML 标记引用

CSS 选择器可通过多种方式来选择 HTML 标记：id 属性、标记名、类或者其他组合语法等。

```
#showmsg            //选择 id 属性为 showmsg 的标记
div                 //选择<div>标记
.subtitle           //选择类名为 subtitle 的标记
*[name="type"]      //选择 name 属性为 type 的标记
```

Document 对象的 querySelector()方法返回指定 CSS 选择器匹配的标记的引用，querySelectorAll ()方法返回指定 CSS 选择器匹配的多个标记的引用。

```
var msg= document.querySelector("#showmsg")
var divs = document.querySelectorAll("div")
```

【例 6-10】 使用多种方法获得 HTML 标记的引用。源文件：06\test6-10.html。

```
<html>
<body>
    <div id="div1">第一个 DIV</div>
    <div id="div2" class="setc" style="color:red">第二个 DIV</div>
    <span name="sp">第一个 SAPN</span><br>
    <span name="sp" class="setc" style="color:red">第二个 SAPN</span>
    <p>段落 1</p><p>段落 2</p>
    <button onclick="useId()">使用 id 属性</button>
    <button onclick="useName()">使用 name 属性</button>
    <button onclick="useTag()">使用标记名</button>
    <button onclick="useClass()">使用 CSS 类</button>
    <button onclick="useSelector()">使用 CSS 选择器</button>
    <script>
        function useId() {
            var div1 = document.getElementById('div1')
            div1.innerHTML = 'div1'
        }
        function useName() {
            var sp1 = document.getElementsByName('sp')[0]
            sp1.innerHTML = 'span1'
        }
        function useTag() {
            var ps = document.getElementsByTagName('p')
            ps[0].innerHTML = '第一个段落'
```

```
            ps[1].innerHTML = '第二个段落'
        }
        function useClass() {
            var setc = document.getElementsByClassName('setc')
            setc[0].style.color = 'blue'
            setc[1].style.color = 'green'
        }
        function useSelector() {
            var ps = document.querySelectorAll('p')
            ps[0].innerHTML = 'first p'
            ps[1].innerHTML = 'second p'
        }
    </script>
</body>
</html>
```

在浏览器中运行时，初始页面如图 6-13 所示。单击"使用 id 属性"按钮，改变第 1 个<div>标记内容，如图 6-14 所示。

图 6-13　初始页面　　　　　　　　　　　　图 6-14　改变第 1 个<div>标记内容

单击"使用 name 属性"按钮，改变第 1 个<span>标记内容，如图 6-15 所示。单击"使用标记名"按钮，改变两个<p>标记内容，如图 6-16 所示。

图 6-15　改变第 1 个<span>标记内容　　　　　图 6-16　改变两个<p>标记内容

单击"使用 CSS 类"按钮，改变第 2 个<div>标记和第 2 个<span>标记内容的颜色，如图 6-17 所示。单击"使用 CSS 选择器"按钮，改变两个<p>标记内容，如图 6-18 所示。

图 6-17　改变第 2 个<div>标记和第 2 个<span>标记内容的颜色　　　图 6-18　改变两个<p>标记内容

6.2.5　遍历文档节点

DOM 树中的节点是 Node 对象。Node 对象具有下列常用属性。

- parentNode：当前节点的父节点。Document 节点作为根节点，没有父节点，其 parentNode 属性值为 null。
- childNodes：包含所有子节点的数组。
- firstChild：第一个子节点。
- lastChild：最后一个子节点。
- nextSibling：下一个兄弟节点。
- previousSibling：前一个兄弟节点。
- nodeType：节点类型。
- nodeName：节点名称。
- nodeValue：节点值。注释和文本节点的值为文本内容，其他节点的值为 null。
- attributes：包含当前节点的所有属性节点的数组。

【例 6-11】 遍历 HTML 文档节点。源文件：06\test6-11.html。

```
<html>
    <script>
        function test(){ alert('这是按钮单击响应') }
    </script>
</head>
<body><!--遍历文档节点-->
    <div><button onclick="test()" width="100">按钮</button></div>
    <script>
        var w = window.open()                              //打开空白窗口
        var n=0
        w.document.write('<table border="1"><tr><th>序号</th><th>节点名称</th><th>节点类型</th><th>
节点文本</th><th>父节点</th><th>前一兄弟节点</th><th>后一兄弟节点</th></tr>')
        window.onload = getTags(document)                  //在文档加载完成时遍历文档
        w.document.write('</table>')
        w.document.close()
        function getTags(tag) {
            n++                                            //对节点计数
            w.document.write('<tr><td>' + n + '</td><td>' + tag.nodeName +"</td>")
            w.document.write('<td>' + getTypeName(tag.nodeType) + '</td><td>')
            var text = tag.nodeValue
                                                           //如果文本节点只包含换行符和空格，对其编码
            if (tag.nodeType==3 && text.trim().length == 0)
                text=escape(text)
            if (text && text.length > 20)
                w.document.write(text.slice(0, 40) + '……')
            else w.document.write(text)
            w.document.write('</td><td>')
            var node = tag.parentNode
            if (node)
                w.document.write(node.nodeName)
```

```
        else w.document.write(' ')
        w.document.write('</td><td>')
        var node = tag.previousSibling
        if (node)
              w.document.write(node.nodeName)
        else w.document.write(' ')
        w.document.write('</td><td>')
        var node = tag.nextSibling
        if (node)
              w.document.write(node.nodeName)
        else w.document.write(' ')
        w.document.write('</td></tr>')
        if (tag.nodeType == 1 && tag.attributes) {        //遍历属性节点子节点
              var children = tag.attributes
              for (var i = 0; i < children.length; i++)
                    getTags(children[i])
        }
        var children = tag.childNodes
        for (var i = 0; i < children.length; i++)         //遍历其他子节点
              getTags(children[i])
    }
    function getTypeName(n) {
        switch (n) {
            case 1: return '元素节点';case 2: return '属性节点';case 3: return '文本节点';
            case 8: return '注释节点';case 9: return '文档节点'
        }        }
    </script>
</body></html>
```

打开 HTML 文档时，浏览器会在新窗口中显示节点输出结果，如图 6-19 所示。

序号	节点名称	节点类型	节点文本	父节点	前一兄弟节点	后一兄弟节点
1	#document	文档节点	null	null	null	null
2	HTML	元素节点	null	#document	null	null
3	HEAD	元素节点	null	HTML	null	#text
4	#text	文本节点	%0A%20%20%20%20	HEAD	null	TITLE
5	TITLE	元素节点	null	HEAD	#text	#text
6	#text	文本节点	htmldom	TITLE	null	null
7	#text	文本节点	%0A%20%20%20%20	HEAD	TITLE	SCRIPT
8	SCRIPT	元素节点	null	HEAD	#text	#text
9	#text	文本节点	function test(){ alert('这是按钮单击响……	SCRIPT	null	null
10	#text	文本节点	%0A	HEAD	SCRIPT	null
11	#text	文本节点	%0A	HTML	HEAD	BODY
12	BODY	元素节点	null	HTML	#text	null
13	#comment	注释节点	遍历文档节点	BODY	null	#text
14	#text	文本节点	%0A%20%20%20%20	BODY	#comment	DIV
15	DIV	元素节点	null	BODY	#text	#text
16	BUTTON	元素节点	null	DIV	null	null
17	onclick	属性节点	test()	null	null	null
18	width	属性节点	100	null	null	null
19	#text	文本节点	按钮	BUTTON	null	null
20	#text	文本节点	%0A%20%20%20%20	BODY	DIV	SCRIPT
21	SCRIPT	元素节点	null	BODY	#text	null
22	#text	文本节点	var w = window.open() //打……	SCRIPT	null	null

图 6-19　遍历 HTML 文档节点

代码中使用了"tag.attributes"来获得当前节点的所有属性节点的数组。属性节点比较特殊，它没有包含在节点的 childNodes 中，childNodes 只包含 HTML 标记。属性节点的 nodeName 属性值为节点名称，nodeValue 属性的值为节点值，nodeType 属性为 2，其他属性值都为 null。

6.2.6　访问 HTML 标记属性

HTML 不区分大小写，JavaScript 区分大小写。在脚本中，单个单词的属性都使用小写；多个单词的属性，第一个单词全部小写，后续单词的首字母大写，其他小写。对于 style 属性中的样式名称，如果规则一致，样式名称中的连字符"-"被忽略。

在 HTML 代码中使用 JavaScript 中的标识符时，大小写必须和脚本保持一致。

【例 6-12】　在脚本中访问 HTML 标记属性。源文件：06\test6-12.html。

```html
<html>
<body>
    <div id="show" style="font-size:15px" >单击按钮改变字体</div>
    <button onclick="changeSize()">试试</button>
    <script>
        function changeSize() {
            var div = document.getElementById('show')
            var n = parseInt(div.style.fontSize)    // fontSize 对应样式中的 font-size
            div.style.fontSize = (n + 2) + 'px'
        }
    </script>
</body>
</html>
```

在浏览器中的运行结果如图 6-20 所示。单击"试试"按钮，文本字号会变大。如果将"onclick="changeSize()""改成"onclick="changesize()""，则会发现单击按钮没有反应，这是因为 JavaScript 将 changesize 和 changeSize 视为不同的标识符。

图 6-20　在脚本中访问 HTML 标记属性

6.2.7　访问 HTML 标记内容

可通过下列方法读写 HTML 标记内容。
- 标记的 innerHTML 属性：读写标记的 HTML 内容。
- 标记的 innerText 属性：读 innerText 属性时，返回标记内的所有文本，包括内部标记包含的内容，内部标记被忽略；写 innerText 属性时，HTML 标记作为文本显示。
- 标记的 textContent 属性：与 innerText 属性相同。

- 文本节点的 nodeValue：与 innerText 属性相同。

【例 6-13】 访问 HTML 标记内容。源文件：06\test6-13.html。

```html
<html>
<body>
    <div id="div1">this is a <b>Java</b> applet</div>
    <button onclick="showContent()">查看内容</button><br>
    <button onclick="changeContent1()">修改内容 1</button>
    <button onclick="changeContent2()">修改内容 2</button>
    <button onclick="changeContent3()">修改内容 3</button>
    <button onclick="changeContent4()">修改内容 4</button>
    <script>
        var div = document.getElementById('div1')
        function showContent() {
            var s = 'div.innerHTML = ' + div.innerHTML + '\n'
            s += 'div.innerText = ' + div.innerText + '\n'
            s += 'div.textContent = ' + div.textContent + '\n'
            s += 'div.firstChild.nodeValue = ' + div.firstChild.nodeValue + '\n'
            alert(s)
        }
        function changeContent1() { div.innerHTML = 'I like <i>JavaScript</i> '   }
        function changeContent2() {div.innerText = 'I like <a href="#">C++</a> ' }
        function changeContent3() { div.textContent = 'I like <a href="#">Python</a> ' }
        function changeContent4() { div.firstChild.nodeValue = 'I like <a href="#">DOM</a> '   }
    </script>
</body>
</html>
```

在浏览器中运行时，初始页面如图 6-21 所示。单击"查看内容"按钮，可打开对话框，显示用各种方法获得的<div>标记内容，如图 6-22 所示。

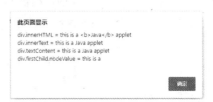

图 6-21　初始页面　　　　　　　　　　　　　图 6-22　各种方法获得的<div>标记内容

单击"修改内容 1"按钮，使用 innerHTML 属性改变<div>标记内容，如图 6-23 所示。单击"修改内容 2"按钮，使用 innerText 属性改变<div>标记内容，如图 6-24 所示。

图 6-23　使用 innerHTML 属性　　　　　　　　　图 6-24　使用 innerText 属性

单击"修改内容 3"按钮，使用 textContent 属性改变<div>标记内容，如图 6-25 所示。单击

"修改内容 4"按钮，使用 nodeValue 属性改变<div>标记第 1 个文本节点内容，如图 6-26 所示。

图 6-25　使用 textContent 属性　　　　　　图 6-26　使用 nodeValue 属性

6.2.8　创建、添加和删除节点

创建、添加和删
除节点

在 6.2.7 小节中，我们使用了 innerHTML、innerText、textContent 和 nodeValue 等属性来访问读写 HTML 标记内容。DOM 也提供了相应的方法来操作文档节点。

1. 创建、添加节点

Document 对象的 createElement()方法可创建指定标记名的节点，createTextNode()方法可创建文本节点。Node 对象的 appendChild()方法可将指定节点作为子节点添加到它的最后一个子节点之后，成为新的 lastChild。

【例 6-14】　创建、添加节点。源文件：06\test6-14.html。

在页面中放置一个<div>标记、一个<input>标记和一个<button>标记。单击<button>标记时，为<div>标记添加子节点，子节点文本为<input>标记中的输入内容。

```html
<html>
<body>
    <div id="div" style="border-style:solid;border-width:1px">
    1.原始&lt;div&gt;内容，单击按钮添加子节点</div>
    <input type="text" id="input" value="请输入"/>
    <button onclick="append()">添加子节点</button>
    <script>
        function append() {
            div = document.getElementById('div')
            input = document.getElementById('input')
            node = document.createElement('div')
            n=div.childNodes.length+1
            text = document.createTextNode(n+'.'+input.value)
            node.appendChild(text)      //添加子节点
            div.appendChild(node)       //添加子节点
        }
    </script>
</body>
</html>
```

在浏览器中的运行结果如图 6-27 所示。页面中对原始<div>标记的子节点进行了计数，并为其定义了边框。从运行结果可以看到，添加的子节点包含在原始<div>标记的边框之内。

2. 插入节点

Node 对象的 insertBefore(new,old)方法可将新的子节

图 6-27　创建、添加子节点

点 new 添加到原来的子节点 old 之前，old 为 null 时，new 添加到最后一个子节点之后（与 appendChild()方法相同）。

【例 6-15】 插入子节点。源文件：06\test6-15.html。

```html
<html>
<body>
    <div id="div" style="border-style:solid;border-width:1px">
        1.原始&lt;div&gt;内容，单击按钮添加子节点
    </div>
    <input type="text" id="input" value="请输入" />
    <button onclick="append()">添加子节点</button>
    <script>
        var n = 0
        function append() {
            div = document.getElementById('div')
            input = document.getElementById('input')
            node = document.createElement('div')
            n = div.childNodes.length + 1
            text = document.createTextNode(n + '.' + input.value)
            node.appendChild(text)
            div.insertBefore(node, div.childNodes[0])    //插入子节点
        }
    </script>
</body>
</html>
```

在浏览器中的运行结果如图 6-28 所示。

3. 复制节点

Node 对象的 cloneNode(true|false)方法可复制当前节点。参数为 true 表示复制所有子节点（深度复制），参数为 false 表示不复制子节点。

图 6-28　插入子节点

【例 6-16】 复制节点。源文件：06\test6-16.html。

```html
<html>
<body>
    <select id="old">
        <option>Java</option>
        <option>C++</option>
        <option>JavaScript</option>
    </select>
    <div id="div2">第一个&lt;div&gt;</div>
    <div id="div3">第二个&lt;div&gt;</div>
    <button onclick="copy()">简单复制</button>
    <button onclick="copy2()">深度复制</button>
    <script>
        function copy() {
            old = document.getElementById('old')
            div2 = document.getElementById('div2')
            div2.appendChild(old.cloneNode(false))
```

```
        }
        function copy2() {
            old = document.getElementById('old')
            div3 = document.getElementById('div3')
            div3.appendChild(old.cloneNode(true))
        }
    </script>
</body>
</html>
```

在浏览器中运行时，初始页面如图 6-29 所示。单击"简单复制"按钮，复制<select>标记（不包含各个<option>），将其添加到第 1 个<div>中，页面中只多了一个空的下拉列表，如图 6-30 所示。单击"深度复制"按钮，复制<select>标记（包含<option>），将其添加到第 2 个<div>中，如图 6-31 所示。

图 6-29　初始页面

图 6-30　简单复制

图 6-31　深度复制

4. 替换节点

Node 对象的 replaceChild(new,old)方法用于将 old 子节点替换为新的（new）子节点。

【例 6-17】　替换节点。源文件：06\test6-17.html。

```html
<html>
<body>
    <div id="div" style="border-style:solid;border-width:1px">请输入替换内容</div>
    <input type="text" id="input" value="" />
    <button onclick="replace()">替换</button>
    <script>
        var n = 0
        function replace() {
            div = document.getElementById('div')
            input = document.getElementById('input')
            text = document.createTextNode(input.value)
            div.replaceChild(text, div.childNodes[0])    //替换子节点
        }
    </script>
</body>
</html>
```

在浏览器中的运行结果如图 6-32 所示。在输入框中输入内容后，单击"替换"按钮，原来<div>标记内容的文本被替换。

图 6-32　替换节点

5. 删除节点

Node 对象的 removeChild(old)方法用于删除 old 子节点。

【例 6-18】　删除子节点。源文件：06\test6-18.html。

为例 6-14 添加一个"删除子节点"按钮，单击按钮时删除<div>标记的第 1 个子节点。

```html
<html>
<body>
    <div id="div" style="border-style:solid;border-width:1px">
        1.原始&lt;div&gt;内容，单击按钮添加子节点
    </div>
    <input type="text" id="input" value="请输入" />
    <button onclick="append()">添加子节点</button>
    <button onclick="remove()">删除子节点</button>
    <script>
        function append() {
            div = document.getElementById('div')
            input = document.getElementById('input')
            node = document.createElement('div')
            n = div.childNodes.length + 1
            text = document.createTextNode(n + '.' + input.value)
            node.appendChild(text)          //添加子节点
            div.appendChild(node)           //添加子节点
        }
        function remove() {
            div = document.getElementById('div')
            div.removeChild(div.childNodes[0])
        }
    </script>
</body>
</html>
```

在浏览器中运行时，初始页面如图 6-33 所示。添加两个子节点后，页面如图 6-34 所示。

图 6-33　初始页面

图 6-34　添加子节点后的页面

单击"删除子节点"按钮，删除第 1 个子节点，结果如图 6-35 所示。

图 6-35　删除子节点

6.3 Form 对象

表单用于在网页中收集用户数据。Document 对象的 forms 属性返回一个数组，数组元素为文档中的表单，每个表单都是一个 Form 对象（表单对象）。

6.3.1　引用表单和表单元素

表单和表单元素均可通过 6.2.4 小节中介绍的 Document 对象的各种 getElementX() 方法来获得引用。

例如，表单定义如下。

```
<form name="form1" id="formOne">
    <input type="text" name="userid" value="asdf"/>
</form>
```

可用下面的语句来获得 Form 对象的引用。

```
var form = document.getElementsByName('form1')[0]
var form = document.getElementById('formOne')
var form = document.forms['form1']
var form = document.forms['formOne']
var form = document.forms.form1
var form = document.forms.formOne
var form = document.forms[0]              //0 表示页面中的第 1 个表单
```

表单中各个元素的 name 属性值对应表单对象的一个属性，通过该属性可引用该元素。例如，下面的语句用对话框显示表单文本元素的值。

```
var form = document.forms.form1
alert(form.userid.value)
```

6.3.2　表单事件

Form 对象有两个事件。

- submit：表单提交事件，在单击表单提交按钮或调用表单对象的 submit() 方法时产生该事件。
- reset：表单重置事件，在单击表单重置按钮或调用表单对象的 reset() 方法时产生该事件。

表单事件

在表单的提交和重置事件中，返回 false 可阻止提交或重置。

【例 6-19】 处理表单提交和重置事件。源文件：06\test6-19.html。

```html
<html>
<body>
    <form name="form1" onsubmit="return check()"
        onreset="return confirm('确认重置吗？')"
        action="javascript:alert('数据完成提交！')">
        <input type="text" name="userid" value="asdf"/>
        <input type="submit" value="提交"/>
        <input type="reset" value="重置" />
    </form>
    <script>
        function check() {
            var form = document.forms.form1
            var userid = form.userid.value
            if (parseInt(userid)) {
                alert('数据不合法！')
                return false
            }
        }
    </script>
</body>
</html>
```

在浏览器中运行时，初始页面如图 6-36 所示。

输入数据后，单击"提交"按钮，若输入的不是数字，则执行提交操作，显示对话框提示"数据完成提交！"，否则显示对话框提示"数据不合法！"。单击"重置"按钮时，显示对话框提示"确认重置吗？"，如图 6-37 所示。

图 6-36　处理表单提交和重置事件

图 6-37　各种操作下的对话框

6.4　编程实践：选项卡切换

编程实践：选项卡切换

本节综合应用本章所学知识，创建一个 HTML 文档，在页面中实现选项卡切换的功能，如图 6-38 所示。单击选项卡标题时，显示对应神舟飞船的介绍内容。中国航天人以国家战略需求为导向，集聚力量进行原创性引领性科技攻关，坚决打赢关键核心技术攻坚战，不断发展和夯实我国航天技术，读者可自行上网搜索，了解更多相关内容。

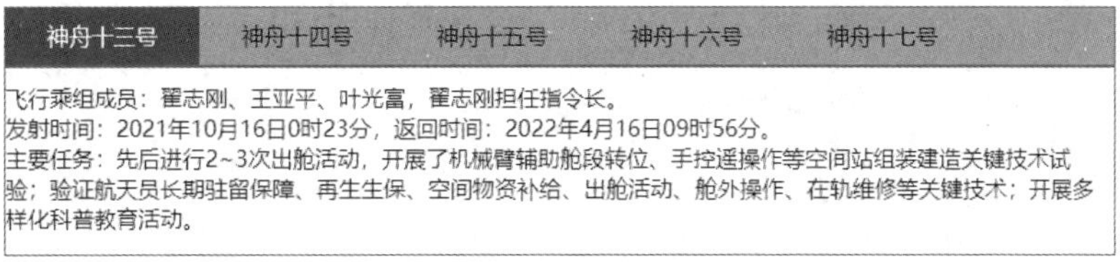

| 神舟十三号 | 神舟十四号 | 神舟十五号 | 神舟十六号 | 神舟十七号 |

飞行乘组成员：翟志刚、王亚平、叶光富，翟志刚担任指令长。
发射时间：2021年10月16日0时23分，返回时间：2022年4月16日09时56分。
主要任务：先后进行2~3次出舱活动，开展了机械臂辅助舱段转位、手控遥操作等空间站组装建造关键技术试验；验证航天员长期驻留保障、再生生保、空间物资补给、出舱活动、舱外操作、在轨维修等关键技术；开展多样化科普教育活动。

图 6-38　动态人员列表

具体操作步骤如下。

（1）在 VS Code 中选择"文件\新建文本文件"命令，新建一个文本文件。

（2）单击"选择语言"选项，打开语言列表。在语言列表中单击"HTML"，将语言设置为 HTML。

（3）在编辑器中输入如下代码。

```html
<html>
<head>
    <style>
        * { margin: 0;padding: 0; }
        li {list-style-type: none;}
        .tab {width: 800px; margin: 10px auto;}
        .tab_list {height: 40px;border: 1px solid rgb(72, 71, 71);background-color: #6e6b6bce;}
        .tab_list li {float: left;height: 40px;line-height: 40px;padding: 0 30px;cursor: pointer;}
        .tab_list .current {background-color: red;color: white;    }
        .item {display: none; border: 1px solid rgb(72, 71, 71); height: 120px;padding-top: 10px; }
    </style>
</head>
<body>
    <div class="tab">
        <div class="tab_list">
            <ul>
                <li class="current">神舟十三号</li>
                <li>神舟十四号</li>
                <li>神舟十五号</li>
                <li>神舟十六号</li>
                <li>神舟十七号</li>
            </ul>
        </div>
        <div class="tab_con">
            <div class="item" style="display: block;">
                飞行乘组成员：翟志刚、王亚平、叶光富，翟志刚担任指令长。<br />发射时间：2021 年 10 月 16 日 0
时 23 分，返回时间：2022 年 4 月 16 日 09 时 56 分。<br />主要任务：先后进行 2~3 次出舱活动，开展了机械臂辅助舱段转位、
手控遥操作等空间站组装建造关键技术试验；验证航天员长期驻留保障、再生生保、空间物资补给、出舱活动、舱外操作、在轨维
修等关键技术；开展多样化科普教育活动。
            </div>
            <div class="item">
                飞行乘组成员：陈冬、刘洋、蔡旭哲，陈冬担任指令长。<br />发射时间：2022 年 6 月 5 日 10 时 44
分，返回时间：2022 年 12 月 4 日 20 时 09 分。<br />主要任务：配合问天实验舱、梦天实验舱与核心舱的交会对接和转位，完
成中国空间站在轨组装建造；完成空间站舱内外设备及空间应用任务相关设施设备的安装和调试；开展空间科学实验与技术试验；
进行日常维护维修等相关工作。
            </div>
            <div class="item">
                飞行乘组成员：费俊龙、邓清明和张陆，费俊龙担任指令长。<br />发射时间：2022 年 11 月 29 日 23
```

时 08 分，返回时间：2023 年 6 月 04 日 6 时 33 分。
 主要任务：开展空间站三舱状态长期驻留验证工作；完成 15 个科学实验机柜解锁、安装与测试，开展涵盖空间科学研究与应用、航天医学、航天技术等领域的 40 余项空间科学实验和技术试验；计划实施 3~4 次出舱活动，首次使用梦天实验舱的货物气闸舱转移物品

```
            </div>
            <div class="item">
                飞行乘组：景海鹏、朱杨柱和桂海潮，景海鹏担任指令长。<br /> 发射时间：2023 年 5 月 30 日 9 时 31
分，返回时间：2023 年 10 月 31 日 8 时 11 分<br /> 主要任务：完成与神舟十五号乘组在轨轮换，驻留约 5 个月，开展空间科学
与应用载荷在轨实（试）验，实施航天员出舱活动及货物气闸舱出舱，进行舱外载荷安装及空间站维护维修等任务。在轨驻留期间，
神舟十六号将迎来神舟十七号的来访对接。
            </div>
            <div class="item">
                飞行乘组：汤洪波、唐胜杰、江新林，汤洪波担任指令长。<br /> 发射时间：2023 年 10 月 26 日 11 时
14 分。<br /> 主要任务：实施航天员出舱活动和货物气闸舱出舱任务，继续开展空间科学实验和技术试验，开展平台管理常规工
作、航天员保障相关工作以及科普教育等重要活动。
            </div>
        </div>
    </div>
    <script>
        var tab_list = document.querySelector('.tab_list');
        var lis = tab_list.querySelectorAll('li');
        var items = document.querySelectorAll('.item');
        for (var i = 0; i < lis.length; i++) {          // for 循环绑定点击事件
            lis[i].setAttribute('index', i);            // 为 5 个<li>设置索引号
            lis[i].onclick = function () {
                for (var i = 0; i < lis.length; i++) {
                    lis[i].className = '';
                }
                this.className = 'current';

                                                        //处理内容显示
                var index = this.getAttribute('index');
                for (var i = 0; i < items.length; i++) {
                    items[i].style.display = 'none';
                }
                items[index].style.display = 'block';
            };
        }
    </script>
</body>
</html>
```

（4）按【Ctrl+S】组合键保存文件，文件名为 test6-20.html。

（5）按【Ctrl+F5】组合键运行文件，查看运行结果。

6.5　小结

　　JavaScript 使用各种内置的对象来操作浏览器和 HTML 文档。和浏览器有关的对象主要有 Window、Navigator、Location 和 History 对象等。和 HTML 文档有关的对象主要有 Document、Form 和 Image 对象等。Window 对象是顶层对象，其他的各种对象都通过其属性（或者子对象的属性）来获得。本章主要介绍了最常用的 Window、Document 和 Form 等对象。

6.6 习题

一、填空题

1. Window 对象的_____属性用于引用 Document 对象。

2. Document 对象的_____数组包含了文档中的所有表单对象。

3. Window 对象的 setInterval() 和_____方法用于执行定时操作。

4. Window 对象的_____属性可设置为用于处理脚本错误的函数。

5. nodeType 值为_____时，HTML 标记为元素节点。

6. 使用 Document 对象的_____方法可获得指定 ID 的标记的引用。

7. Document 对象的_____方法返回指定类名的所有标记的引用。

8. Node 对象的 insertBefore(new,old) 方法可将新的子节点 new 添加到原来的子节点 old 之_____。

9. 提交表单时发生的事件是_____。

10. 在表单的提交和重置事件中，返回_____可阻止提交或重置。

二、操作题

1. 编写一个 HTML 文档，实现隐藏和显示输入内容，运行结果如图 6-39 所示。单击"显示"按钮可显示文本框输入的内容，单击"隐藏"按钮，输入内容显示为星号。

图 6-39　操作题 1 运行结果

2. 编写一个 HTML 文档，在页面中显示一个表格，当鼠标指针指向表格中的某行时，改变该行的背景颜色，如图 6-40 所示。

图 6-40　操作题 2 运行结果

3. 编写一个 HTML 文档，在页面中添加一个文本框。未输入内容时，文本框中用红色显示"请在此输入"；单击文本框开始输入时，隐藏提示文字"请在此输入"；文本框中有输入内容时，用黑色显示输入内容。运行结果如图 6-41 所示。

4. 编写一个 HTML 文档，实现动态人员列表，在部门下拉列表中选择不同部门时，待选人员列表显示该部门人员名单。双击待选人员可将其添加到已选人员列表（不能重复选择）。双击已选人员，可将其从已选人员列表删除。运行结果如图 6-42 所示。

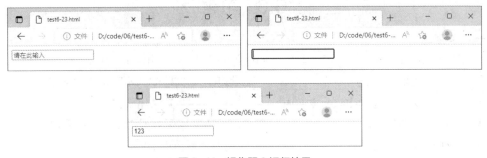

图 6-41　操作题 3 运行结果

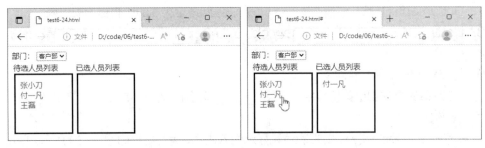

图 6-42　操作题 4 运行结果

5. 编写一个 HTML 文档，设计一个具有个位数加法、减法和乘法的随机题目测试功能的页面，初始页面如图 6-43 所示。单击"开始计时"按钮，开始 60s 倒数，同时显示随机题目。输入答案，单击"确定"按钮确认，同时将完成题目添加到"已完成题目"列表框中，如图 6-44 所示。在答题过程中，单击"开始计时"按钮，可重新开始 60s 倒数。倒数时间为 0 时，"确定"按钮无效，如图 6-45 所示。

图 6-43　初始页面

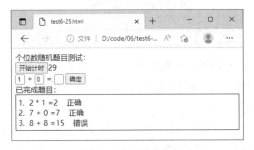

图 6-44　答题过程

图 6-45　倒数结束

第 7 章

jQuery 简介

重点知识：	了解 jQuery
	jQuery 资源
	使用 jQuery

富互联网应用（Rich Internet Application，RIA）是近几年 Web 应用发展的一个趋势，它为 Web 用户带来了桌面应用的体验。JavaScript 在 RIA 的发展中扮演了重要的角色，jQuery 基于 JavaScript，为开发人员提供强大的脚本开发支持，快速实现功能强大的 Web 应用。

7.1 了解 jQuery

jQuery 是一个免费、开源的轻量级 JavaScript 库，其设计宗旨是 "Write Less,Do More"，即提倡用更少的代码，做更多的事。jQuery 最初由 John Resig 开发，于 2006 年 1 月在纽约的 BarCamp 会议上发布。现在，jQuery 已发展为一个开源项目。jQuery UI 以 jQuery 为基础，提供用于构建 Web 图形界面的 UI 组件。jQuery Mobile 则以 jQuery 为基础，用移动平台专用组件对其进行了扩展，用于移动应用开发。

7.1.1 jQuery 主要功能

jQuery 主要提供下列功能。

- 选取和操作 HTML 元素：jQuery 提供了丰富、高效的选择器，可准确选取 HTML 文档中的一个或多个元素，并可操作 HTML 元素的外观和行为。
- 操作 CSS：直接使用 JavaScript 操作页面中的 CSS 样式表会受限于浏览器的兼容性，jQuery 很好地解决了浏览器兼容问题。
- 标准化 HTML 事件处理：jQuery 提供了丰富的页面事件处理方法，不仅解决了浏览器兼容问题，而且使事件处理更加简单。
- 支持网页特效动画：jQuery 提供了丰富的页面特效，通过简单地调用内置的动画函数，即可实现高级动画特效。
- 简化了 HTML DOM 操作：jQuery 降低了 JavaScript 操作 DOM 的复杂性，只需极少的代码即可完成复杂的 DOM 操作。

- 简单的 AJAX 操作：开发人员只需简单地调用函数即可完成 AJAX 请求，获得服务器端的响应，而无须考虑客户端和服务器之间的通信细节。

7.1.2 jQuery 主要特点

1. 简洁

jQuery 库非常小，未压缩的 jquery-3.7.1 版只有 287KB。

2. 功能强大

传统的 JavaScript 脚本编程方式需要开发人员具备良好的程序设计功底，并熟练掌握 HTML、CSS 和 DOM 等各种 Web 开发技术。JavaScript 脚本在客户端浏览器中解释执行，在大型 Web 应用中调试和维护 JavaScript 脚本往往会耗费开发人员的大量精力。jQuery 改变了传统的 JavaScript 编程方式。使用 jQuery 提供的函数，即可快速实现各种功能，代码更加简洁、结构清晰。

3. 兼容各种浏览器

本书前面的章节回避了 JavaScript 的浏览器兼容问题，原因是目前的各种浏览器对 JavaScript 的支持越来越全面。而使用 jQuery 不需要考虑浏览器兼容问题。

jQuery 具有良好的浏览器兼容能力，支持各种主流浏览器：Chrome、Edge、Firefox、IE、Safari 和 Opera 等。

7.2 jQuery 资源

jQuery 主页提供各种相关资源，如图 7-1 所示。

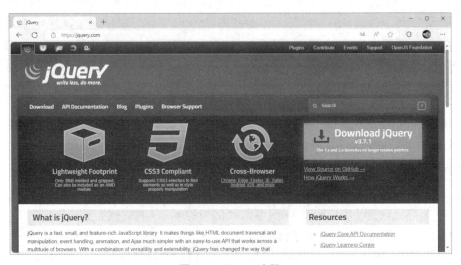

图 7-1　jQuery 主页

7.2.1 下载 jQuery

在 jQuery 主页中单击"Download JQuery"按钮，可进入 jQuery 下载页面，如图 7-2 所示。

jQuery 不再对 1.x 和 2.x 的各种版本提供更新支持，下载页面只提供最新版的 jQuery 库下载。

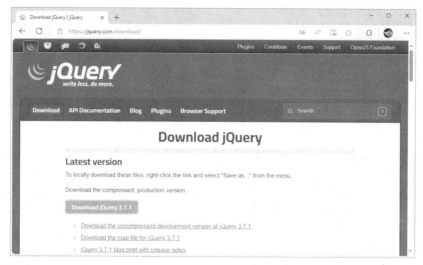

图 7-2　jQuery 下载页面

jQuery 库有 3 种类型。

- uncompressed：未压缩版，包含各种注释、空白和换行符等，适用于开发阶段。
- compressed：压缩版，删除了各种注释、空白和换行符等，适用于 Web 应用发布。
- slim：瘦身版，不包含 ajax 和 effects 模块。

jQuery 库是一个单独的 js 代码文件。在下载页面中用鼠标右键单击对应的链接，在弹出的快捷菜单中选择"链接另存为"命令即可下载需要的 jQuery 库。直接单击下载链接，一些浏览器会直接打开 jQuery 库代码文件。

7.2.2　查看 jQuery 文档

在 jQuery 主页中单击"API Documentation"按钮，可进入 jQuery 文档中心，如图 7-3 所示。

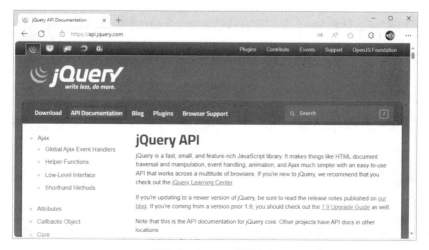

图 7-3　jQuery 文档中心

jQuery 文档中心页面左侧列出了 jQuery 库中的函数类别，单击类别可在右侧显示该类函数。单击函数名进入函数介绍页面。函数介绍页面包含了函数的详细介绍和实例。

7.2.3　jQuery 学习中心

在 jQuery 主页右侧的资源列表中单击"jQuery Learning Center"链接，可进入 jQuery 学习中心页面，如图 7-4 所示。

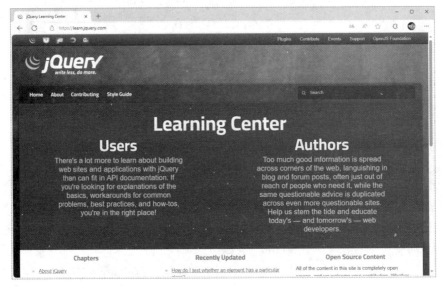

图 7-4　jQuery 学习中心

学习中心的章节（Chapters）列表包含了下列学习主题：关于 jQuery（About jQuery）、使用 jQuery 核心（Using jQuery Core）、事件（Events）、效果（Effects）、AJAX、jQuery UI、jQuery Mobile 等。单击主题链接即可进入相关主题学习页面。

7.2.4　中文学习资源

RUNOOB.COM（菜鸟教程）提供了在线的中文 jQuery 学习资源，如图 7-5 所示。

图 7-5　jQuery 中文学习资源

7.3 使用 jQuery

要使用 jQuery 库，需要在 HTML 文档中将其引入。引入后，即可在脚本中调用 jQuery 库提供的各种函数。

7.3.1 引入 jQuery

在 HTML 文档中使用<script>标记来引入 jQuery。有两种引入 jQuery 库的方法：引用本地 jQuery 库和引用 CDN 上的 jQuery 库。

1. 引入本地 jQuery 库

可将 jQuery 库下载到本地，放在和 HTML 文档相同的文件夹或子文件夹中，也可放在本地 Web 服务器中。对初学者而言，建议将 jQuery 库下载到本地，放在和 HTML 文档相同的文件夹中。然后，在 HTML 文档中使用下面的语句将其引入。

```
<script src="jquery-3.7.1.min.js"></script>
```

jquery-3.7.1.min.js 是下载到本地的 jQuery 库文件名，该名称包含了版本号，"min"表示是压缩版的库文件。

> **提示** 理论上，可在 HTML 文档的任意位置引入 jQuery 库，但必须保证在调用 jQuery 函数之前引入。通常，各种 JavaScript 库的引入均放在 HTML 文档的<head>部分。

2. 引入 CDN 上的 jQuery 库

CDN（Content Delivery Network，内容分发网络）是互联网中提供文本、图片、脚本、应用程序或其他资源的网络服务器。通常，CDN 只提供各类资源的稳定版本。

两个常用 CDN 中的 jQuery 查询地址和引用地址如下。

- jQuery CDN：https://releases.jquery.com。jQuery 3.7.1 引用地址为 https://code.jquery.com/jquery-3.7.1.js。
- 微软 CDN：https://docs.microsoft.com/en-us/aspnet/ajax/cdn/overview#jQuery_Releases_on_the_CDN_0。jQuery 3.7.1 引用地址为 https://ajax.aspnetcdn.com/ajax/jQuery/jquery-3.7.1.js。

例如，下面的语句从 jQuery CDN 引入压缩版的 jQuery 库。

```
<script src="https://code.jquery.com/jquery-3.7.1.js"></script>
```

7.3.2 jQuery 语法

jQuery()函数是 jQuery 库中最重要的一个函数，大多数 jQuery 脚本都是从 jQuery()函数开始的。$是 jQuery 的别名，绝大多数开发人员喜欢使用$()而不是 jQuery()。

jQuery 语法

jQuery 基础语法格式如下。

```
$(selector).action()
```

其中，selector 为选择器，用于选取 HTML 标记，action()为对选中 HTML 标记执行的操作。

【例 7-1】 使用 jQuery 在页面中显示"你好，jQuery！"。源文件：07\test7-1.html。

```html
<html>
<head>
    <!--引入本地 jQuery 库-->
    <script src="jquery-3.7.1.min.js"></script>
</head>
<body>
    <div id="show"></div>
    <script>
        $(function () {
            $("#show").text("你好，jQuery! ")          //修改 id 为 show 的标记的文本内容
        })
    </script>
</body>
</html>
```

在浏览器中的运行结果如图 7-6 所示。

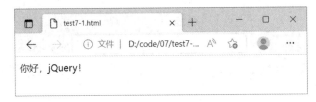

图 7-6　使用 jQuery 在页面中显示字符串

例 7-1 中，"$("#show")"选中页面中 id 为 show 的 HTML 标记，"text("你好，jQuery! ")"
方法修改标记的文本内容。

通常，jQuery 代码的基本结构如下。

```html
<script>
    $(document).ready(function () {
        … //jQuery 脚本
    })
</script>
```

因为 jQuery 脚本的主要目的是获取和操作 HTML 标记，所以应将 jQuery 脚本放在
$(document).ready()的回调函数中。浏览器构建完 DOM 之后才调用 ready()函数，从而保证
jQuery 脚本正确执行。

jQuery 提供了多种调用 ready()函数的方式。

- $(回调函数)。
- $(document).ready(回调函数)。
- $("document").ready(回调函数)。
- $("img").ready(回调函数)。
- $().ready(回调函数)。

jQuery 3.x 推荐使用第 1 种方法，其他方法仍可使用但已过时。参数"回调函数"可以是函数

名称，也可以是一个匿名函数。

7.3.3 选取 HTML 标记

选取 HTML 标记

$()函数的第 1 个参数有多种形式：字符串形式的 CSS 选择器、字符串形式的 HTML 标记、一个或多个 DOM 元素或者一个函数。

$()函数返回一个 jQuery 对象，该对象封装了参数匹配的 HTML 标记或者新建的 HTML 标记。如果有多个匹配的 HTML 标记，则返回对象是一个 jQuery 对象数组。对 jQuery 对象执行的操作将作用于其包含的所有标记。

【例 7-2】 使用$()函数操作多个 HTML 标记。源文件：07\test7-2.html。

```html
<html>
<head>
    <script src="jquery-3.7.1.min.js"></script>
</head>
<body>$()函数匹配多个标记
    <p>第一个段落</p><p>第二个段落</p><p>第三个段落</p>
    <script>
        $(function () {
            $('p').css({ "text-decoration": "underline" })        //统一设置<p>标记样式
        })
    </script>
</body>
</html>
```

在浏览器中的运行结果如图 7-7 所示。

图 7-7　使用$()函数操作多个 HTML 标记

脚本中"$('p')"返回的对象包含了页面中的 3 个<p>标记。".css({ "text-decoration": "underline" })"为 3 个<p>标记文本添加下画线。

7.3.4 上下文

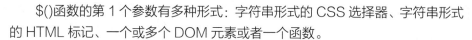
上下文

$()函数的第 2 个参数指定上下文——HTML 标记的选择范围。如果没有指定上下文，则在整个 HTML 文档中寻找选择标记。

【例 7-3】 修改例 7-2，选择<div>标记内部的<p>标记。源文件：07\test7-3.html。

```html
<html>
<head>
    <script src="jquery-3.7.1.min.js"></script>
```

```
    </head>
    <body>$()函数匹配多个标记
        <p>第一个段落</p>
        <div><p>第二个段落</p></div>
        <p>第三个段落</p>
        <script>
            $(function () {
                $('p','div').css({ color: "red" })                    //修改<div>中的<p>标记样式
            })
        </script>
    </body>
    </html>
```

在浏览器中的运行结果如图 7-8 所示。

图 7-8　在上下文中匹配标记

本例的“$('p','div')”表示选择<div>标记内部的<p>标记，所以函数返回的
jQuery 对象中只包含了页面中的第 2 个<p>标记。

7.3.5　将 HTML 标记转换为 jQuery 对象

$()函数可将 HTML 标记转换为 jQuery 对象。

【例 7-4】　动态添加表格内容。源文件：07\test7-4.html。

```
<html>
<body>
    <table id="t1" border="1"></table>
    <script>
        var t1 = document.getElementById('t1')
        t1.innerHTML ='<tr><td>数据 1</td><td>数据 2</td></tr>'
    </script>
</body>
</html>
```

在浏览器中的运行结果如图 7-9 所示。

脚本通过 innerHTML 属性为表格添加数
据。在某些浏览器中，表格的 innerHTML 属性
是只读的，这会导致脚本运行出错。

修改例 7-4 代码，改用 jQuery 来添加表格

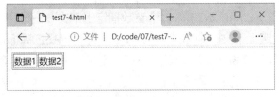

图 7-9　动态添加表格内容

内容，代码如下。

```
<html>
<head>
    <script src="jquery-3.7.1.min.js"></script>
</head>
<body>
    <table id="t1" border="1"></table>
    <script>
        var t1 = document.getElementById('t1')
        $(t1).html('<tr><td>数据 1</td><td>数据 2</td></tr>')
    </script>
</body>
</html>
```

在浏览器中的运行结果不变。脚本中的"$(t1)"将 t1 转换为 jQuery 对象，然后调用 html()
方法修改元素的 HTML 内容。因为 jQuery 兼容浏览器的各种差异，所以修改后
的代码可以正确执行。

7.3.6 使用链接方法调用

jQuery 中的大部分方法都会返回其操作的 jQuery 对象，所以可使用句点符
号来实现链接方法调用，使代码更简洁。

【例 7-5】 使用链接方法调用。源文件：07\test7-5.html。

```
<html>
<head>
    <script src="jquery-3.7.1.min.js"></script>
</head>
<body>
    <div>原始数据</div>
    <script>
        $(function () {
            $('div').append('<br>第 2 行').css({ color: "red" }).append('<br>').append('第 3 行')
        })
    </script>
</body>
</html>
```

在浏览器中的运行结果如图 7-10 所示。

图 7-10 使用链接方法调用

7.3.7 jQuery 命名空间

jQuery 引入了命名空间的概念。jQuery 脚本中的所有全局变量均属于 jQuery 命名空间，

jQuery 和$均表示 jQuery 命名空间。

在与其他 JavaScript 库一起使用时，可能会出现$标识符冲突的情况。jQuery 提供了 noConflict()方法用于避免冲突。noConflict()方法返回全局 jQuery 对象，可将其赋给一个变量，然后用该变量来代替$标识符。

【例 7-6】 使用变量代替$标识符。源文件：07\test7-6.html。

```html
<html>
<head>
    <script src="jquery-3.7.1.min.js"></script>
</head>
<body>
    <div>原始数据</div>
    <script>
        var $j = jQuery.noConflict();
        $j(function () { alert('页面中的<script>标记个数: ' + $j('script').length) })
    </script>
</body>
</html>
```

在浏览器中的运行结果如图 7-11 所示。

图 7-11　使用变量代替$标识符

另一种可行的避免冲突的方式是将所有脚本代码放在 ready()方法中，并将$作为 ready()方法参数。这样，ready()方法内部的$标识符代表 jQuery，方法外的$标识符代表其他库。

【例 7-7】 在 ready()方法中封装$标识符。源文件：07\test7-7.html。

```html
<!DOCTYPE html>
<html lang="en" xmlns="http://www.w3.org/1999/xhtml">
<head>
    <meta charset="utf-8" />
    <script src="jquery-3.7.1.min.js"></script>
    <script>
        jQuery.noConflict()
        jQuery(document).ready(function ($) {
            alert('页面中的<script>标记个数: ' + $('script').length)
        })
    </script>
</head>
<body></body>
</html>
```

在浏览器中的运行结果如图 7-12 所示。

图 7-12　在 ready()方法中封装$标识符

7.4　编程实践：在页面加载视频

编程实践：在页
面加载视频

本节综合应用本章所学知识，设计一个 HTML 文档，使用脚本在页面中加载国产大飞机 C919 的新闻视频，如图 7-13 所示。C919 充分体现了我国"以国家战略需求为导向，集聚力量进行原创性引领性科技攻关，坚决打赢关键核心技术攻坚战"的发展战略，读者可自行上网搜索，了解更多相关内容。

图 7-13　在页面加载视频

具体操作步骤如下。

（1）在 VS Code 中选择"文件\新建文本文件"命令，新建一个文本文件。

（2）单击"选择语言"选项，打开语言列表。在语言列表中单击"HTML"，将语言设置为 HTML。

（3）在编辑器中输入如下代码。

```
<html>
<head>
    <script src="jquery-3.7.1.min.js"></script>
</head>
<body>
    <script>
        $(function () { $('div').html('<video src="c919.mp4" width="640" height="360" controls/>') })
    </script>
</body>
</html>
```

（4）按【Ctrl+S】组合键保存文件，文件名为 test7-8.html。

（5）按【Ctrl+F5】组合键运行文件，查看运行结果。

7.5　小结

本章简单介绍了 jQuery 的主要功能、特点和相关资源，以及使用 jQuery 的基本方法。要使用 jQuery 库，首先需要在页面中引入 jQuery 库，然后使用$()函数选择 HTML 标记来完成各种操作。

7.6　习题

一、填空题

1. 有两种引入 jQuery 库的方法：引用本地 jQuery 库和引用＿＿＿＿＿＿＿上的 jQuery 库。

2. 使用 HTML 的＿＿＿＿＿＿标记引入 jQuery 库。

3. 在 jQuery 脚本中，可使用＿＿＿＿＿＿符号代替 jQuery 关键字。

4. 通常将 jQuery 脚本放在＿＿＿＿＿＿的回调函数中。

5. $()函数返回一个封装了＿＿＿＿＿＿的 jQuery 对象。

6. $()函数的第 2 个参数指定＿＿＿＿＿＿——HTML 标记的选择范围。

7. $()函数＿＿＿＿＿＿将 HTML 标记转换为 jQuery 对象。

8. jQuery 对象支持使用＿＿＿＿＿＿符号来实现链接方法调用。

9. jQuery 脚本中的所有全局变量均属于＿＿＿＿＿＿命名空间。

10. jQuery.noConflict()方法返回＿＿＿＿＿＿对象。

二、操作题

1. 编写一个 HTML 文档，使用 jQuery 实现单击按钮改变<div>标记内容，运行结果如图 7-14 所示。

图 7-14　操作题 1 运行结果

2. 编写一个 HTML 文档，使用 jQuery 实现样式的添加和删除，运行结果如图 7-15 所示。

图 7-15　操作题 2 运行结果

3. 编写一个 HTML 文档，使用 jQuery 让图片缩小并消失，运行结果如图 7-16 所示。

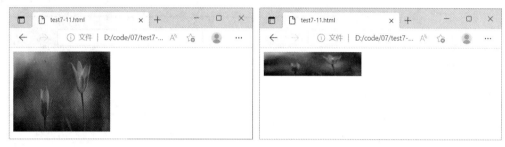

图 7-16　操作题 3 运行结果

4. 编写一个 HTML 文档，使用 jQuery，在页面打开时显示"欢迎使用 jQuery！"，如图 7-17 所示。

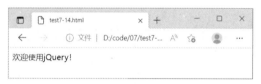

图 7-17　操作题 4 运行结果

5. 编写一个 HTML 文档，使用 jQuery 为表格的奇数行设置背景色，运行结果如图 7-18 所示。

图 7-18　操作题 5 运行结果

第 8 章
jQuery 选择器和过滤器

重点知识：
- 基础选择器
- 层级选择器
- 过滤器

选择器用于在 HTML 文档中选择要操作的 HTML 元素。jQuery 选择器规则与 CSS 中的选择器规则一致。过滤器是作用于选择器之上的筛选规则，通过限制条件进一步准确选择操作对象。本章将介绍在 jQuery 中如何使用各种选择器和过滤器来选择 HTML 标记。

8.1 基础选择器

基础选择器包括 ID 选择器、类名选择器、元素选择器、复合选择器和通配符选择器等。

ID 选择器

8.1.1 ID 选择器

ID 选择器利用 HTML 元素的 id 属性值来选择元素，其基本格式如下。

```
$("#id 属性值")
```

【例 8-1】 使用 ID 选择器。源文件：08\test8-1.html。

```
<html>
<head> <script src="jquery-3.7.1.min.js"></script></head>
<body>
    <div class="tgdiv">第一个 DIV 元素</div> <div id="tgdiv">第二个 DIV 元素</div>
    <script>
        $(function () {  alert($('#tgdiv').text()) })          //用对话框显示<div>文本
    </script>
</body>
</html>
```

在浏览器中的运行结果如图 8-1 所示。结果说明，脚本中的 "$('#tgdiv')" 选择的是第 2 个<div>元素。

图 8-1　使用 ID 选择器

类名选择器

8.1.2　类名选择器

类名选择器利用 HTML 元素的 class 属性值来选择元素，其基本格式如下。

```
$(".class 属性值")
```

【例 8-2】　使用类名选择器。源文件：08\test8-2.html。

```html
<html>
<head> <script src="jquery-3.7.1.min.js"></script></head>
<body>
    <div class="tgdiv">第一个 DIV 元素</div> <div id="tgdiv">第二个 DIV 元素</div>
    <script>
        $(function () {  alert($('.tgdiv').text())  })
    </script>
</body>
</html>
```

在浏览器中的运行结果如图 8-2 所示。

图 8-2　使用类名选择器

在例 8-1 和例 8-2 中，虽然第 1 个<div>的 class 属性值和第 2 个<div>的 id 属性值相同，但 ID 选择器和类名选择器格式不同，所以能够准确匹配对应的<div>。

元素选择器

8.1.3　元素选择器

元素选择器使用 HTML 元素名称来匹配 HTML 元素，其基本格式如下。

```
$("元素名称")
```

【例 8-3】　使用元素选择器匹配页面中的全部<div>。源文件：08\test8-3.html。

```html
<html>
<head> <script src="jquery-3.7.1.min.js"></script></head>
<body>
    <div class="tgdiv">第一个 DIV 元素</div>  <div id="tgdiv">第二个 DIV 元素</div>
```

```
    <script>
        $(function () { alert($('div').text()) })
    </script>
</body>
</html>
```

在浏览器中的运行结果如图 8-3 所示，对话框显示了页面中两个<div>中的文本。

图 8-3　使用元素选择器

8.1.4　复合选择器

复合选择器

复合选择器使用多个 ID 选择器、类名选择器或元素选择器的组合来匹配 HTML 元素，其基本格式如下。

```
$("选择器 1,选择器 2,…")
```

【例 8-4】　使用复合选择器。源文件：08\test8-4.html。

```
<html>
<head>    <script src="jquery-3.7.1.min.js"></script></head>
<body>
    <div class="tgdiv">第一个 DIV 元素</div> <div id="tgdiv">第二个 DIV 元素</div>
    <script>
        $(function () { alert($('#tgdiv,.tgdiv').text()) })
    </script>
</body>
</html>
```

在浏览器中的运行结果如图 8-4 所示。

图 8-4　使用复合选择器

通配符选择器

在复合选择器中，选择器之间不区分先后顺序。HTML 元素在页面中的先后顺序决定了复合选择器返回的 jQuery 对象中元素的先后顺序。

8.1.5　通配符选择器

*（星号）作为通配符选择器，用于选择页面中所有的 HTML 元素，其基本格式如下。

```
$("*")
```

【例 8-5】 使用通配符选择器。源文件：08\test8-5.html。

```
<html>
<head> <script src="jquery-3.7.1.min.js"></script></head>
<body>
    <div class="tgdiv">第一个 DIV 元素</div> <div id="tgdiv">第二个 DIV 元素</div>
    <script>
        $(function () {
            all = $('*')
            s=""
            for (i = 0; i < all.length;i++)
                s += (i+1) + "、" + all[i].nodeName+'; '
            alert("页面包含的 HTML 元素有：\n"+s)            //用对话框显示页面包含的 HTML 元素
        })
    </script>
</body>
</html>
```

在浏览器中的运行结果如图 8-5 所示。

图 8-5　使用通配符选择器

8.2　层级选择器

层级选择器根据页面中的 HTML 元素在 DOM 树中的位置关系来选择
HTML 元素。

8.2.1　祖孙选择器

祖孙选择器的基本格式如下。

```
$("选择器 1 选择器 2")
```

在 DOM 树中，"选择器 2"匹配的元素是"选择器 1"匹配元素的子孙节点。祖孙选择器返回
匹配的 HTML 元素。

【例 8-6】 使用祖孙选择器。源文件：08\test8-6.html。

```
<html>
<head><script src="jquery-3.7.1.min.js"></script></head>
<body>
    <div id="books1">
        脚本程序设计教材：
        <ol id="s1">
```

```
                <li id="s11">Python 3 基础教程</li>
                <li id="s12">JavaScript+jQuery 教程</li>
                <li id="s13">JavaScript 教程</li>
        </ol>
    </div>
    <div id="books2">
        程序设计教材:
        <ol>
            <li>Java 程序设计</li>
            <li>C++程序设计</li>
        </ol>
    </div>
    <script>
        $(function () { alert("教材总数: " + $('div li').length) })
    </script>
</body>
</html>
```

在浏览器中的运行结果如图 8-6 所示。脚本代码中的 "$('div li')" 返回了页面中所有<div>包含的<li>元素。

图 8-6　使用祖孙选择器

父子选择器

8.2.2　父子选择器

父子选择器的基本格式如下。

```
$("选择器 1>选择器 2")
```

父子选择器与祖孙选择器类似，只是"选择器 2"匹配的元素是"选择器 1"匹配元素的直接子节点，选择器返回"选择器 2"匹配的 HTML 元素。

【例 8-7】　使用父子选择器。源文件: 08\test8-7.html。

```
<html>
<head><script src="jquery-3.7.1.min.js"></script></head>
<body>
    <div id="books1">
        脚本程序设计教材:
        <ol id="s1">
            <li id="s11">Python 3 基础教程</li>
            <li id="s12">JavaScript+jQuery 教程</li>
            <li id="s13">JavaScript 教程</li>
        </ol>
    </div>
```

```
        <div id="books2">
            程序设计教材：
            <ol>
                <li>Java 程序设计</li>
                <li>C++程序设计</li>
            </ol>
        </div>
        <script>
            $(function () { alert($('#s1>li')[1].innerText) })
        </script>
    </body>
</html>
```

在浏览器中的运行结果如图 8-7 所示。脚本代码中"$('#s1>li')"返回第 1 个列表包含的全部列表项，"$('#s1>li')[1]"表示其中的第 2 个列表项。

图 8-7　使用父子选择器

8.2.3　相邻节点选择器

相邻节点选择器的基本格式如下。

相邻节点选择器

```
$("选择器 1+选择器 2")
```

"选择器 1"和"选择器 2"匹配的元素在 DOM 树中的父节点相同。"选择器 2"匹配的节点为"选择器 1"匹配的节点之后的第 1 个兄弟节点。

【例 8-8】　使用相邻节点选择器。源文件：08\test8-8.html。

```
<html>
<head> <script src="jquery-3.7.1.min.js"></script></head>
<body>
    <div id="books1">
        脚本程序设计教材：
        <ol id="s1">
            <li id="s11">Python 3 基础教程</li>
            <li id="s12">JavaScript+jQuery 教程</li>
            <li id="s13">JavaScript 教程</li>
        </ol>
    </div>
    <script>
        $(function () {alert($('#s11+li').text())})
    </script>
</body>
</html>
```

在浏览器中的运行结果如图 8-8 所示。脚本代码中的"$('#s11+li')"返回第 2 个列表项，等价于$('#s12')。

图 8-8　使用相邻节点选择器

兄弟节点选择器

8.2.4　兄弟节点选择器

兄弟节点选择器的基本格式如下。

```
$("选择器 1~选择器 2")
```

兄弟节点选择器与相邻节点选择器类似，"选择器 2"匹配的节点为"选择器 1"匹配的节点之后的所有兄弟节点。

【例 8-9】　使用兄弟节点选择器。源文件：08\test8-9.html。

```
<html>
<head> <script src="jquery-3.7.1.min.js"></script></head>
<body>
    <div id="books1">
        脚本程序设计教材:
        <ol id="s1">
            <li id="s11">Python 3 基础教程</li>
            <li id="s12">JavaScript+jQuery 教程</li>
            <li id="s13">JavaScript 教程</li>
        </ol>
    </div>
    <script> $(function () {alert($('#s11~li').text())}) </script>
</body>
</html>
```

在浏览器中的运行结果如图 8-9 所示，说明"$('#s11~li')"返回了第 2 个和第 3 个列表项。

图 8-9　使用兄弟节点选择器

8.3　过滤器

过滤器是在选择器之后用冒号分隔的筛选条件，对选择器匹配的元素进一步进行筛选。

8.3.1　基础过滤器

常用基础过滤器如表 8-1 所示。

表 8-1　常用基础过滤器

过滤器	说明
:animated	正在执行动画的元素
:eq(n)	索引值等于 n 的元素
:gt(n)	索引值大于 n 的元素
:lt(n)	索引值小于 n 的元素
:even	索引值为偶数的元素
:odd	索引值为奇数的元素
:first	第 1 个元素
:last	最后一个元素
:focus	获得焦点的元素
:header	所有标题元素（h1、h2、h3 等）
:lang(语言代码)	lang 属性值与指定语言代码相同的元素
:not(选择器)	与指定选择器不匹配的元素

【例 8-10】 使用基础过滤器设计表格。源文件：08\test8-10.html。

```html
<html>
<head><script src="jquery-3.7.1.min.js"></script></head>
<body>
    <table border="1">
        <tr><td> </td><td>周一</td><td>周二</td><td>周三</td><td>周四</td></tr>
        <tr><td>第一节</td><td>语文</td><td>物理</td><td>语文</td><td>数学</td></tr>
        <tr><td>第二节</td><td>语文</td><td>物理</td><td>生物</td><td>科学</td></tr>
        <tr><td>第三节</td><td>数学</td><td>化学</td><td>数学</td><td>语文</td></tr>
        <tr><td>第四节</td><td>数学</td><td>化学</td><td>地理</td><td>政治</td></tr>
    </table>
    <script>
        $(function () {
            $('td').css({ width: "100px", "text-align":"center"})    //设置单元格宽度，文本居中
            $('tr:first').css({ "font-weight": "bold" })            //表格第 1 行文本加粗
            $('tr:odd').css({"background-color":"#B8B8B8"})          //设置偶数行背景色
        })
    </script>
</body>
</html>
```

在浏览器中的运行结果如图 8-10 所示。

图 8-10　使用基础过滤器

内容过滤器

8.3.2　内容过滤器

内容过滤器如表 8-2 所示。

表 8-2　内容过滤器

过滤器	说明
:contains(文本)	内容包含指定文本的元素
:empty	没有子节点的元素（包括文本节点）
:has(选择器)	选择器至少能够匹配一个元素，该元素为直接子节点或后代子节点
:parent	所有父元素

【例 8-11】　使用内容过滤器设计表格。源文件：08\test8-11.html。

```html
<html>
<head>
    <script src="jquery-3.7.1.min.js"></script>
</head>
<body>
    <table border="1">
        <tr><td> </td><td>周一</td><td>周二</td><td>周三</td><td>周四</td></tr>
        <tr><td>第一节</td><td>语文</td><td>物理</td><td>语文</td><td>数学</td></tr>
        <tr><td>第二节</td><td>语文</td><td>物理</td><td>生物</td><td>科学</td></tr>
        <tr><td>第三节</td><td>数学</td><td>化学</td><td>数学</td><td>语文</td></tr>
        <tr><td>第四节</td><td>数学</td><td>化学</td><td>地理</td><td>政治</td></tr>
    </table>
    <script>
        $(function () {
            $('td').css({ width: "100px", "text-align":"center"})      //设置单元格宽度，文本居中
            $('tr:first').css({ "font-weight": "bold" })              //表格第一行文本加粗
            $('tr:odd').css({ "background-color": "#B8B8B8" })        //设置偶数行背景色
            $('td:contains("语文")').css({ color: "green" })
            $('td:contains("数学")').css({ color: "red" })
        })
    </script>
</body>
</html>
```

在浏览器中的运行结果如图 8-11 所示。

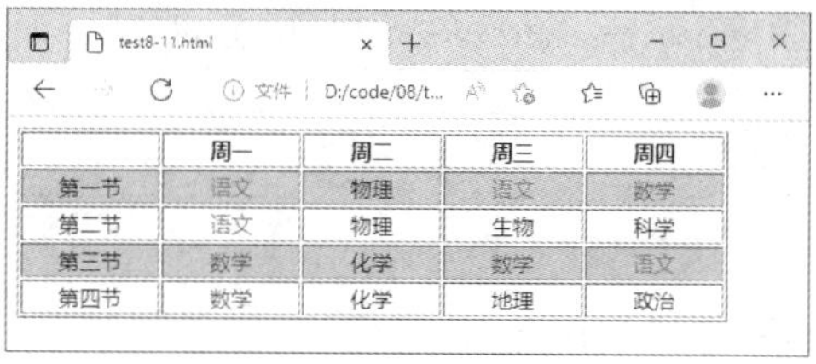

图 8-11　使用内容过滤器

子元素过滤器

8.3.3　子元素过滤器

子元素过滤器用于选择符合条件的子元素，如表 8-3 所示。

表 8-3　子元素过滤器

过滤器	说明
:first-child	选择第 1 个子元素。例如$("li:first-child")
:last-child	选择最后一个子元素。例如$("li:last-child")
:only-child	选择是父节点的唯一子节点的元素。例如$("li:only-child")
:nth-child()	选择符合参数指定规则的子元素，参数可以是索引值（最小值为 1）、even（索引为偶数）、odd（索引为奇数）或者是 n 的表达式。例如，$3n$ 表示 3 的倍数，$3n+1$ 表示 3 的倍数加 1。例如，$("li:nth-child(2n)")选择偶数项
:nth-last-child()	选择符合参数指定规则的最后一个子元素，参数含义与:nth-child()相同。例如，$("li:nth-last -child(2n)")选择偶数项中的最后一项
:first-of-type	选择相邻的多个相同类型 HTML 元素中的第 1 个子节点，该节点不一定是父节点的第 1 个子节点。例如$("li:first-of-type")
:last-of-type	选择相邻的多个相同类型 HTML 元素中的最后一个子节点，该节点不一定是父节点的最后一个子节点。例如$("li:last-of-type")
:only-of-type	选择的元素没有相同类型的兄弟节点。例如，button:only-of-type 表示选择兄弟节点中唯一的 button 元素。例如$("li: only-of-type ")
:nth-of-type()	选择符合参数指定规则的某类型子元素，参数含义与:nth-child()相同。例如$("li: nth-of-type(2n)")
:nth-last-of-type()	选择符合参数指定规则的某类型子元素中的最后一个，参数含义与:nth-child()相同。例如$("li: nth-last-of-type(2n)")

【例 8-12】　使用子元素过滤器。源文件：08\test8-12.html。

```
<html>
<head><script src="jquery-3.7.1.min.js"></script></head>
<body>
    <ol><li>香蕉</li><li>苹果</li><li>梨子</li><li>葡萄</li></ol>
    <ol><span>坚果类</span><li>核桃</li><li>花生</li><li>板栗</li></ol>
    <script>
        $(function () {
            $('li:first-child').css({ color: "red" })
            $('li:first-of-type').css({ "background-color": "yellow" })
```

```
                $("li:nth-child(2n)").append("<span>  2n!</span>")
            })
        </script>
    </body>
    </html>
```

在浏览器中的运行结果如图 8-12 所示。

图 8-12　使用子元素过滤器

8.3.4　可见性过滤器

可见性过滤器通过元素的可见状态（显示或隐藏）来匹配元素，:visible 过滤器匹配所有可见元素，:hidden 过滤器匹配所有不可见元素。

【例 8-13】　使用可见性过滤器。源文件：08\test8-13.html。

```
<html>
<head>
    <script src="jquery-3.7.1.min.js"></script>
    <style>.hide{display:none} </style>
</head>
<body>
<div>第一个 DIV</div><div class="hide">第二个 DIV</div><div>第三个 DIV</div>
    <div class="hide">第四个 DIV</div>
    <button>显示隐藏元素</button>
    <script>
        $("button").click(function () {
            $("div:visible").css({ "background-color":"red"})      //可见元素设置背景色
            $("div:hidden").show(3000)                              //隐藏元素动态显示出来
        })
    </script>
</body>
</html>
```

在浏览器中的运行结果如图 8-13 所示。第 1 个图为初始状态，单击"显示隐藏元素"按钮后，以动画方式显示出隐藏的两个<div>，并设置初始两个可见元素的背景色。

图 8-13　使用可见性过滤器

表单过滤器

8.3.5　表单过滤器

表单过滤器用于选择表单包含的子元素，如表 8-4 所示。

表 8-4　表单过滤器

过滤器	说明
:button	选择类型为 button 的元素
:checkbox	选择类型为 checkbox 的元素
:checked	选择所有选中的 radio、checkbox 或 option
:disabled	选择状态为 disabled 的元素
:enabled	选择状态为 enabled 的元素
:file	选择类型为 file 的元素
:focus	选择获得焦点的元素
:image	选择类型为 image 的元素
:input	选择所有的 input、textarea、select 和 button 元素
:password	选择类型为 password 的元素
:radio	选择类型为 radio 的元素
:reset	选择类型为 reset 的元素
:selected	选择选中的 option 元素
:submit	选择类型为 submit 的元素
:text	选择类型为 text 的元素

【例 8-14】　使用表单过滤器获取表单中选中的单选项、勾选的复选框和列表项的值。源文件：08\test8-14.html。

```
<html>
<head>
    <script src="jquery-3.7.1.min.js"></script>
    <style>
        .hide { display: none  }
    </style>
</head>
<body>
    <form><input type="radio" name="sex" checked="checked" value="男" />男
        <input type="radio" name="sex" value="女" />女<br />
        <input type="checkbox" value="复选框 1" />复选框 1
        <input type="checkbox" checked="checked" value="复选框 2" />复选框 2<br />
        <select>
            <option value="选项 1">选项 1</option>
            <option value="选项 2">选项 2</option>
        </select>
        <input type="button" value="确定" />
```

```
        <div></div>
    </form>
    <script>
        $(':button').click(function () {
            s = $(":checked").map(function (index, elem) {
                return $(elem).val();
            }).get().join(',');    //将所有选中项的值连接起来
            $('div').text('所有选中项的值: ' + s)
        })
    </script>
</body>
</html>
```

在浏览器中的运行结果如图 8-14 所示。

图 8-14　使用表单过滤器

属性过滤器

8.3.6　属性过滤器

属性过滤器通过元素属性来选择 HTML 元素，如表 8-5 所示。

表 8-5　属性过滤器

过滤器	说明
[p|="value"]	选择的元素的 p 属性值等于 value，或者以"value-"作为前缀
[p*=value]	选择的元素的 p 属性值包含 value
[p~=value]	选择的元素的 p 属性值包含单词 value
[p$=value]	选择的元素的 p 属性值以 value 结尾
[p=value]	选择的元素的 p 属性值等于 value
[p!=value]	选择的元素的 p 属性值不等于 value
[p^=value]	选择的元素的 p 属性值以 value 开头
[p]	选择的元素有 p 属性
[p=value][p2=value2]	通过多个属性过滤器来选择元素

【例 8-15】 使用属性过滤器。源文件：08\test8-15.html。

```
<html>
<head>
    <script src="jquery-3.7.1.min.js"></script>
    <style>.hide{display:none} </style>
</head>
```

```
<body>
    <div id="first">第一段</div><div id="second">第二段</div><div id="third">第三段</div>
    <div id="forth con">第四段</div>
    <script>
        $("div[id*='ir']").css({ color: 'red' })                    //文本颜色设为红色
        $("div[id~='con']").css({ "border":"4px dotted green"})     //加边框
    </script>
</body>
</html>
```

在浏览器中的运行结果如图 8-15 所示。

图 8-15　使用属性过滤器

编程实践：动态
提示

8.4　编程实践：动态提示

本节综合应用本章所学知识，在浏览器中显示 4 首诗，鼠标指针指向诗的内容时，自动提示作者信息，如图 8-16 所示。

具体操作步骤如下。

（1）在 VS Code 中选择"文件\新建文本文件"命令，新建一个文本文件。

（2）单击"选择语言"选项，打开语言列表。在语言列表中单击"HTML"，将语言设置为 HTML。

（3）在编辑器中输入如下代码。

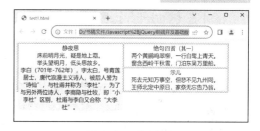

图 8-16　动态提示

```
<html>
<head>
    <script src="jquery-3.7.1.min.js"></script>
    <style>
        .hint { display: none; width: 300px; position: absolute; background-color: yellow;
                color: black    }
        td:hover span { display: block }
    </style>
</head>
<body>
    <table border="1">
        <tr>
            <td>静夜思<br>床前明月光，疑是地上霜。<br>举头望明月，低头思故乡。</td>
            <td>绝句四首（其一）<br>两个黄鹂鸣翠柳，一行白鹭上青天。<br>窗含西岭千秋雪，门泊东吴万里船。</td>
        </tr>
        <tr>
```

```
            <td>题西林壁<br>横看成岭侧成峰，远近高低各不同。<br>不识庐山真面目，只缘身在此山中。</td>
            <td>示儿<br>死去元知万事空，但悲不见九州同。<br>王师北定中原日，家祭无忘告乃翁。</td>
        </tr>
    </table>
    <script>
        $(function () {
            $('td').css({ width: "300px", "text-align": "center" })//设置单元格宽度，文本居中
            $('td:contains("静夜思")').append('<span class="hint">李白（701 年—762 年），字太白，号青莲
居士，唐代浪漫主义诗人，被后人誉为"诗仙"，与杜甫并称为"李杜"，为了与另外两位诗人，李商隐与杜牧，即"小李杜"区别，
杜甫与李白又合称"大李杜"。</span>')
            $('td:contains("绝句四首（其一）")').append('<span class="hint">杜甫（712 年—770 年），字子
美，自号少陵野老，唐代现实主义诗人，与李白合称"李杜"。出生于巩县（今河南巩义），祖籍襄阳（今属湖北）。为了与另两位
诗人李商隐与杜牧即"小李杜"区别，杜甫与李白又合称"大李杜"，杜甫也常被称为"老杜"。</span>')
            $('td:contains("题西林壁")').append('<span class="hint">苏轼（1037 年—1101 年），字子瞻，号
东坡居士，世称苏东坡、苏仙、坡仙，眉州眉山（今属四川）人，祖籍河北栾城，北宋文学家、书法家、美食家、画家。</span>')
            $('td:contains("示儿")').append('<span class="hint">陆游（1125 年—1210 年），南宋诗人。字务
观，号放翁，越州山阴（今浙江绍兴）人。诗与尤袤、杨万里、范成大齐名，称"中兴四大家"，亦作"南宋四大家"。</span>')
        })
    </script>
</body>
</html>
```

（4）按【Ctrl+S】组合键保存文件，文件名为 test8-16.html。

（5）按【Ctrl+F5】组合键运行文件，查看运行结果。

8.5 小结

jQuery 的选择器和过滤器提供了在 HTML 文档中选择元素的快捷方法，主要包括基础选择器、层级选择器和各种过滤器等。选择器和过滤器是 jQuery 脚本操作 HTML 文档的基础，熟练掌握这些知识是学习后续章节的基础。

8.6 习题

一、填空题

1. $('#div1')表示选择_____属性值为 div1 的 HTML 元素。

2. $('.div1')表示选择_____属性值为 div1 的 HTML 元素。

3. $('div')表示选择页面中的_____<div>标记。

4. _____符号用于选择页面中所有的 HTML 元素。

5. 在选择器中可使用_____符号表示父子选择器。

6. 在选择器中可使用_____符号表示相邻节点选择器。

7. 过滤器中:even 表示索引值为偶数的元素，_____表示索引值为奇数的元素。

8. :header 过滤器表示页面中的_____等元素。

9. 过滤器_____可用于表示内容包含指定文本的元素。

10. 过滤器_____选择所有选中的 radio、checkbox 或 option 等表单元素。

二、操作题

1. 编写一个 HTML 文档，在页面中显示唐宋八大家，隔行添加背景颜色，结果如图 8-17 所示。

图 8-17　操作题 1 运行结果

2. 编写一个 HTML 文档，在页面中显示课表，鼠标指针指向课程时显示提示信息，结果如图 8-18 所示。

3. 编写一个 HTML 文档，在页面中显示成绩，小于 60 的成绩用红色显示，如图 8-19 所示。

图 8-18　操作题 2 运行结果

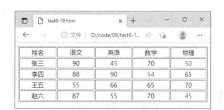

图 8-19　操作题 3 运行结果

4. 编写一个 HTML 文档，根据文件类型添加图标，如图 8-20 所示。

5. 编写一个 HTML 文档，为页面中指定的关键词添加边框，如图 8-21 所示。

图 8-20　操作题 4 运行结果

图 8-21　操作题 5 运行结果

第 9 章
操作页面内容

重点知识：
- 元素内容操作
- 插入内容
- 包装内容
- 替换内容
- 删除内容
- 复制内容
- 样式操作

选择器和过滤器为 jQuery 提供了在 HTML 文档中选择元素的功能。对选中的元素，可查看、修改或者删除其内容，也可在页面中插入新的内容。本章将介绍如何使用 jQuery 执行这些操作。

9.1　元素内容操作

jQuery 提供的 html()、text()、val() 和 attr() 等方法用于访问元素内容。

html() 方法和
text() 方法

9.1.1　html() 方法和 text() 方法

html() 方法类似于传统 DOM 的 innerHTML 属性，用于读取或设置元素的 HTML 内容。text() 方法类似于传统 DOM 的 innerText 属性，用于读取或设置 HTML 元素的纯文本内容。方法指定参数时，参数设置为元素的新内容。

【例 9-1】　使用 html() 和 text() 方法。源文件：09\test9-1.html。

```
<html>
<head><script src="jquery-3.7.1.min.js"></script></head>
<body>
    <div><b>人邮教材：</b><u>JavaScript 基础教程</u></div>
    <button id="btn1">用 html() 读内容</button>
    <button id="btn2">用 text() 读内容</button>
    <button id="btn3">用 html() 写内容</button>
    <button id="btn4">用 text() 写内容</button>
    <script>
```

```
        $(function () {
            $('#btn1').click(function () {
                alert($('div').html())
            })
            $('#btn2').click(function () {
                alert($('div').text())
            })
            $('#btn3').click(function () {
                $('div').html('<a href="http://www.rymooc.com/">人邮学院</a>')
            })
            $('#btn4').click(function () {
                $('div').text('<a href="http://www.rymooc.com/">人邮学院</a>')
            })
        })
    </script>
</body>
</html>
```

在浏览器中运行时，初始页面如图 9-1（a）所示。单击"用 html()读内容"按钮，对话框显示的内容包含<div>元素，如图 9-1（b）所示。而在单击"用 text()读内容"按钮时，对话框显示的内容只包含<div>元素内部的纯文本内容，不包含 HTML 标记，如图 9-1（c）所示。同样，在单击"用 html()写内容"按钮时，写入<div>元素的链接在浏览器中正常显示，如图 9-1（d）所示。单击"用 text()写内容"按钮时写入的链接则作为文本显示在浏览器中，如图 9-1（e）所示。

（a）初始页面

（b）单击"用 html()读内容"按钮读内容

（c）单击"用 text()读内容"按钮读内容

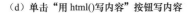

（d）单击"用 html()写内容"按钮写内容

（e）单击"用 text()写内容"按钮写内容

图 9-1　使用 html()方法和 text()方法

9.1.2　val()方法

val()方法用于读取或设置表单元素的值，无参数时方法返回元素的值，有参数时将参数设置为元素值。

val()方法

【例9-2】 使用 val()方法访问表单元素。源文件: 09\test9-2.html。

```html
<html>
<head>     <script src="jquery-3.7.1.min.js"></script></head>
<body>
    <form><input type="text" /> </form>
    <button id="btn1">读内容</button>
    <button id="btn2">写内容</button>
    <div id="show"></div>
    <script>
        $(function () {
            $('#btn1').click(function () {$('div').text($(':text').val())})//读输入框内容
            $('#btn2').click(function () {$(':text').val('请输入新内容') })//设置输入框内容
        })
    </script>
</body>
</html>
```

在浏览器中的运行结果如图 9-2 所示。单击"读内容"按钮,可将输入的文本显示到按钮下方的<div>元素中。单击"写内容"按钮,将输入框中的文本设置为"请输入新内容"。

图 9-2　使用 val()方法访问表单元素

9.1.3　attr()方法

使用 attr()方法指定一个参数时,返回参数对应的元素属性值;同时指定第 2 个参数时,将设置指定属性的值。

attr()方法

【例9-3】 使用 attr()方法访问<img>元素的 src 属性。源文件: 09\test9-3.html。

```html
<html>
<head>
    <script src="jquery-3.7.1.min.js"></script>
</head>
<body>
    <img src="images/img0.jpg" width="200" height="100" />
    <button id="btn1">上一张</button><button id="btn2">下一张</button>
    <div id="show"></div>
    <script>
        n = 0
        $(function () {
            $('#btn1').click(function () {
                n--
                if (n < 0) n = 5
                $('img').attr('src', 'images/img' + n + '.jpg')//访问 src 属性
```

```
                $('#show').text($('img').attr('src'))
            })
            $('#btn2').click(function () {
                n++
                if (n > 5) n = 0
                $('img').attr('src', 'images/img' + n + '.jpg')        //访问 src 属性
                $('#show').text($('img').attr('src'))
            })
        })
    </script>
</body>
</html>
```

在浏览器中的运行结果如图 9-3 所示。单击"上一张"按钮，可向前切换图片。单击"下一张"按钮，可向后切换图片。

图 9-3　使用 attr() 方法

9.2　插入内容

可用 jQuery 提供的 append()、prepend()、appendTo()、prependTo()、after()、before()、insertAfter() 和 insertBefore() 等方法向文档插入内容。

append() 方法和
appendTo() 方法

9.2.1　append() 方法和 appendTo() 方法

append() 方法和 appendTo() 方法将参数添加到目标元素末尾，方法基本格式如下。

```
$(选择器).append(参数1[,参数2]...)
$(参数).appendTo(选择器)
```

选择器匹配的目标元素作为目标元素。若匹配多个元素，则同时为这些元素添加相同内容。

参数可以是 HTML 字符串、HTML 元素、文本、数组或 jQuery 对象，也可以是返回这些内容的函数。append() 方法提供多个参数时，同时添加多个内容。

【例 9-4】　使用 append() 方法和 appendTo() 方法添加内容。源文件：09\test9-4.html。

```
<html>
<head>
    <script src="jquery-3.7.1.min.js"></script>
    <style>
        .div1 { border: 1px solid red; padding: 5px; margin: 5px }
        .div11 { border: 1px dotted blue; padding: 5px; margin: 5px }
    </style>
```

```
    </head>
    <body>
        <div class="div1">顶层 DIV1
            <div class="div11">子元素 11</div>
            <div class="div11">子元素 12</div>
        </div>
        <button id="btn1">append 添加内容</button><button id="btn2">appendTo 添加内容</button>
        <script>
            $(function () {
                $('#btn1').click(function () {
                    $('.div11').append('<b>append 添加的内容</b>')
                })
                $('#btn2').click(function () {
                    $('<b>appendTo 添加的内容</b>').appendTo('.div11')
                })
            })
        </script>
    </body>
</html>
```

在浏览器中运行时，初始页面如图 9-4（a）所示。单击"append 添加内容"和"appendTo 添加内容"按钮后，添加多个内容，如图 9-4（b）所示。<div>元素的边框显示了顶层<div>和各个子元素之间的关系。

（a）初始页面　　　　　　　　　　（b）添加内容后

图 9-4　使用 append()和 appendTo()方法添加内容

在 Edge 浏览器中，可在右键快捷菜单中选择"检查"命令，在开发人员工具中查看 HTML 文档页面中元素之间的层次关系，如图 9-5 所示。

图 9-5　查看元素层次关系

【例 9-5】　使用 append()方法和 appendTo()方法移动现有内容。源文件：09\test9-5.html。

```html
<html>
<head>
    <script src="jquery-3.7.1.min.js"></script>
    <style>
        .div1 { border: 1px solid red; padding: 5px; margin: 5px }
        .div2 { border: 1px dashed  red; padding: 5px; margin: 5px }
        .div3 { border: 1px ridge  black; padding: 5px; margin: 5px }
        .div11 { border: 1px dotted blue; padding: 5px; margin: 5px }
    </style>
</head>
<body>
    <div class="div1">
        顶层 DIV1<div class="div11">子元素 11</div><div class="div11">子元素 12</div>
    </div>
    <div class="div2">顶层 DIV2</div>
    <div class="div3">顶层 DIV3</div>
    <button id="btn1">append 移动内容</button><button id="btn2">appendTo 移动内容</button>
    <script>
        $(function () {
            $('#btn1').click(function () { $('.div11').append($('.div2')) })
            $('#btn2').click(function () { $('.div3').appendTo('.div11:last') })
        })
    </script>
</body>
</html>
```

在浏览器中运行时，初始页面如图 9-6（a）所示。单击"append 移动内容"按钮后，"<div id="div2">顶层 DIV2</div>"被移动，同时改变为"<div class="div11">子元素 11</div>"和"<div class="div11">子元素 12</div>"的内容，如图 9-6（b）所示。单击"appendTo 移动内容"按钮后，"<div class="div3">顶层 DIV3</div>"被移动，改变为"<div class="div11">子元素 12</div>"的内容，如图 9-6（c）所示。

（a）初始页面　　　　　　　　　　（b）append 移动内容后

（c）appendTo 移动内容后

图 9-6　使用 append()方法和 appendTo()方法移动内容

9.2.2 prepend()方法和 prependTo()方法

prepend()方法和
prependTo()方法

prepend()方法和 prependTo()方法与 append()方法和 appendTo()方法
类似，只是将内容添加到目标元素的最前面，方法基本格式如下。

```
$(选择器). prepend(参数1[,参数2]...)
$(参数).prependTo(选择器)
```

【例9-6】 使用 prepend()方法和 prependTo()方法添加内容。源文件：09\test9-6.html。

```html
<html>
<head>
    <script src="jquery-3.7.1.min.js"></script>
    <style>
        #div1 { border: 1px solid red; padding: 5px; margin: 5px }
        #div2 { border: 1px dashed  red; padding: 5px;margin: 5px }
        div { border: 1px dotted blue; padding: 5px; margin: 5px }  </style>
</head>
<body>
    <div id="div1">顶层DIV1  <div>div 子元素</div>  </div>
    <div id="div2">顶层DIV2  <div>div 子元素</div>  </div>
    <button id="btn1">prepend 添加内容</button><button id="btn2">prependTo 添加内容</button>
    <script>
        $(function () {
            $('#btn1').click(function () { $('#div1').prepend('<div>prepend 添加的内容</div>') })
            $('#btn2').click(function () { $('<div>prependTo 添加的内容</div>').prependTo('#div2') })
        })
    </script>
</body>
</html>
```

在浏览器中运行时，初始页面如图9-7（a）所示。分别单击"prepend 添加内容"和"prependTo
添加内容"按钮后，添加两个内容，如图9-7（b）所示。

（a）初始页面

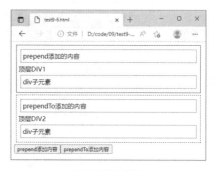

（b）添加内容后

图9-7 使用 prepend()方法和 prependTo()方法添加内容

同样，prepend()方法和 prependTo()方法可以移动页面中的现有内容。

【例9-7】 使用 prepend()方法和 prependTo()方法移动元素。源文件：09\test9-7.html。

```html
<html>
```

```
<head>
    <script src="jquery-3.7.1.min.js"></script>
    <style>
        .div1 { border: 1px solid red; padding: 5px; margin: 5px }
        #div2 { border: 1px dashed  red; padding: 5px; margin: 5px }
        #div3 { border: 1px ridge  black; padding: 5px; margin: 5px }
        .div11 { border: 1px dotted blue; padding: 5px; margin: 5px }
    </style>
</head>
<body>
    <div class="div1"> 顶层 DIV1
        <div class="div11">子元素 11</div>
        <div class="div11">子元素 12</div>
    </div>
    <div id="div2">顶层 DIV2</div>
    <div id="div3">顶层 DIV3</div>
    <button id="btn1">prepend 移动子元素</button>
    <button id="btn2">preppendTo 移动子元素</button>
    <script>
        $(function () {
            $('#btn1').click(function () { $('.div11').prepend($('#div2')) })
            $('#btn2').click(function () { $('#div3').prependTo('.div11:last') })
        })
    </script>
</body>
</html>
```

在浏览器中运行时，初始页面如图 9-8（a）所示。分别单击"prepend 移动元素"和"prependTo 移动元素"按钮后，移动两个元素，如图 9-8（b）所示。

（a）初始页面

（b）移动元素后

图 9-8　使用 prepend()方法和 prependTo()方法移动元素

9.2.3　after()方法和 insertAfter()方法

after()方法和 insertAfter()方法将新内容作为兄弟节点内容添加到目标元素之后，方法基本格式如下。

after()方法和
insertAfter()方法

```
$(选择器). after(参数 1[,参数 2]...)
$(参数). insertAfter(选择器)
```

【例 9-8】 使用 after()和 insertAfter()方法添加元素。源文件：09\test9-8.html。

```html
<html>
<head>
    <script src="jquery-3.7.1.min.js"></script>
    <style>.div1 { border: 1px solid red; padding: 5px; margin: 5px }
        .div11 { border: 1px dotted blue;padding: 5px;margin: 5px } </style>
        b{border: 1px solid black;margin: 5px;padding: 5px;}
</head>
<body>
    <div class="div1">顶层 DIV1<div class="div11">子元素 11</div><div class="div11">子元素 12</div></div>
    <button id="btn1">after 添加元素</button><button id="btn2">insertAfter 添加元素</button>
    <script>
        $(function () {
            $('#btn1').click(function () { $('.div11').after('<b>after 元素</b>') })
            $('#btn2').click(function () { $('<b>insertAfter 元素</b>').insertAfter('.div11')})
        })
    </script>
</body>
</html>
```

在浏览器中运行时，初始页面如图 9-9（a）所示。分别单击"after 添加元素"和"insertAfter 添加元素"按钮后，添加多个元素，如图 9-9（b）所示。

（a）初始页面　　　　　　　　　　　　　　　　（b）添加元素后

图 9-9　使用 after()方法和 insertAfter()方法添加元素

同样，after()方法和 insertAfter()方法可移动页面中的现有内容。

【例 9-9】 使用 after()方法和 insertAfter()方法移动元素。源文件：09\test9-9.html。

```html
<html>
<head>
    <script src="jquery-3.7.1.min.js"></script>
    <style>.div1 { border: 1px solid red; padding: 5px; margin: 5px }
        #div2 { border: 1px dashed  red; padding: 5px; margin: 5px }
        #div3 { border: 1px ridge  black; padding: 5px; margin: 5px }
        .div11 { border: 1px dotted blue; padding: 5px; margin: 5px } </style>
</head>
<body>
    <div class="div1">顶层 DIV1<div class="div11">子元素 11</div><div class="div11">子元素 12</div></div>
    <div id="div2">顶层 DIV2</div><div id="div3">顶层 DIV3</div>
    <button id="btn1">after 移动元素</button><button id="btn2">insertAfter 移动元素</button>
    <script>
```

```
        $(function () {
            $('#btn1').click(function () {$('.div11').after($('#div2')) })
            $('#btn2').click(function () {$('#div3').insertAfter('.div11:last')})
        })
    </script>
</body>
</html>
```

在浏览器中运行时，初始页面如图 9-10（a）所示。分别单击"after 移动元素"和"insertAfter 移动元素"按钮后，移动两个元素，如图 9-10（b）所示。

（a）初始页面   （b）移动元素后

图 9-10　使用 after()方法和 insertAfter()方法移动元素

9.2.4　before()方法和 insertBefore()方法

before()方法和
insertBefore()
方法

before()方法和 insertBefore()方法将参数作为兄弟节点内容添加到目标元素之前，方法基本格式如下。

```
$(选择器). before(参数 1[,参数 2]...)
$(参数). insertBefore(选择器)
```

【例 9-10】　使用 before()方法和 insertBefore()方法添加元素。源文件：09\test9-10.html。

```
<html>
<head>
    <script src="jquery-3.7.1.min.js"></script>
    <style>
        b{border: 1px solid black;margin: 5px;padding: 5px;}
        .div1 { border: 1px solid red; padding: 5px; margin: 5px }
        .div11 { border: 1px dotted blue; padding: 5px; margin: 5px }
    </style>
</head>
<body>
    <div class="div1">顶层 DIV1
        <div class="div11">子元素 11</div>
        <div class="div11">子元素 12</div>
    </div>
    <button id="btn1">before 添加元素</button><button id="btn2">insertBefore 添加元素</button>
    <script>
        $(function () {
```

```
        $('#btn1').click(function () { $('.div11').before('<b>before 元素</b>') })
        $('#btn2').click(function () { $('<b>insertBefore 元素</b>').insertBefore('.div11') })
    })
    </script>
</body>
</html>
```

在浏览器中运行时，初始页面如图 9-11（a）所示。分别单击"before 添加元素"和"insertBefore 添加元素"按钮，添加多个元素，如图 9-11（b）所示。

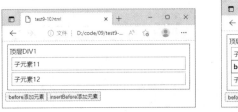

（a）初始页面

（b）添加元素后

图 9-11　使用 before()方法和 insertBefore()方法添加元素

同样，before()方法和 insertBefore()方法可移动页面中的现有元素。

【例 9-11】 使用 before()方法和 insertBefore()方法移动元素。源文件：09\test9-11.html。

```html
<html>
<head>
    <script src="jquery-3.7.1.min.js"></script>
    <style>
        .div1 { border: 1px solid red; padding: 5px; margin: 5px }
        #div2 { border: 1px dashed  red; padding: 5px; margin: 5px }
        #div3 { border: 1px ridge  black; padding: 5px; margin: 5px }
        .div11 { border: 1px dotted blue; padding: 5px; margin: 5px }
    </style>
</head>
<body>
    <div class="div1">
        顶层 DIV1
        <div class="div11">子元素 11</div>
        <div class="div11">子元素 12</div>
    </div>
    <div id="div2">顶层 DIV2</div>
    <div id="div3">顶层 DIV3</div>
    <button id="btn1">before 移动元素</button><button id="btn2">insertBefore 移动元素</button>
    <script>
        $(function () {
            $('#btn1').click(function () { $('.div11').before($('#div2')) })
            $('#btn2').click(function () { $('#div3').insertBefore('.div11:last') })
        })
    </script>
</body>
</html>
```

在浏览器中运行时，初始页面如图 9-12（a）所示。分别单击"before 移动元素"和"insertBefore 移动元素"按钮，移动两个元素，如图 9-12（b）所示。

（a）初始页面   （b）移动元素后

图 9-12　使用 before()方法和 insertBefore()方法移动元素

9.3　包装内容

包装内容指用指定 HTML 结构包装现有元素，被包装元素成为结构的内容。

9.3.1　wrap()方法

wrap()方法用指定 HTML 结构包装元素，参数可以是 HTML 字符串、选择器或者 jQuery 对象。匹配多个元素时，分别包装各个元素。

【例 9-12】　用 wrap()方法包装页面中的<span>元素。源文件：09\test9-12.html。

```html
<html>
<head>
    <script src="jquery-3.7.1.min.js"></script>
    <style>
        div { border: 1px solid red; padding: 5px; margin: 5px }
    </style>
</head>
<body>操作页面元素<span>人邮教育</span>在线<span>JavaScript 教程</span>
    <button id="btn1">wrap 元素</button>
    <script>
        $(function () {
            $('#btn1').click(function () { $('span').wrap('<div><b></b></div>') })
        })
    </script>
</body>
</html>
```

在浏览器中的运行结果如图 9-13 所示。

单击"wrap 元素"按钮后，页面中元素的基本结构如下。

```
操作页面元素
<div><b><span>人邮教育</span></b></div>
在线
```

185

```
<div><b><span>JavaScript 教程</span></b></div>
<button id="btn1">wrap 元素</button>
<script>…</script>
```

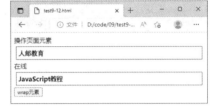

（a）初始页面　　　　　　　　　　　（b）单击"wrap 元素"按钮后

图 9-13　使用 wrap() 方法包装元素

页面中原来的两个 <span> 元素，被 "<div><b></b></div>" 结构包装起来了。

9.3.2　wrapAll() 方法

wrapAll() 方法将所有选中的元素合并后包装在一个 HTML 结构中，参数可以是 HTML 字符串、选择器或者 jQuery 对象。

【例 9-13】　用 wrapAll() 方法包装页面中的所有 <span> 元素。源文件：09\test9-13.html。

```
<html>
<head>
    <script src="jquery-3.7.1.min.js"></script>
    <style>
        div { border: 1px solid red; padding: 5px; margin: 5px }
    </style>
</head>
<body>操作页面元素<span>人邮教育</span>在线<span>JavaScript 教程</span>
    <button id="btn1">wrapAll 元素</button>
    <script>
        $(function () {
            $('#btn1').click(function () { $('span').wrapAll('<div><b></b></div>') })
        })
    </script>
</body>
</html>
```

在浏览器中的运行结果如图 9-14 所示。

单击"wrapAll 元素"按钮后，页面中的元素基本结构如下。

```
操作页面元素
<div><b>
        <span>人邮教育</span>
        <span>JavaScript 教程</span>
</b></div>
在线
<button id="btn1">wrapAll 元素</button>
<script>…</script>
```

页面中原来不相邻的两个<span>元素，被包装在一个"<div><b></b></div>"结构中。

（a）初始页面　　　　　　　　　　（b）单击"wrapAll 元素"按钮后

图 9-14　使用 wrapAll()方法包装元素

9.3.3　wrapInner()方法

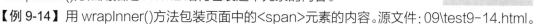

wrapInner()方法用指定 HTML 结构包装选中元素的内容。

【例 9-14】用 wrapInner()方法包装页面中的<span>元素的内容。源文件：09\test9-14.html。

```
...
    <script src="jquery-3.7.1.min.js"></script>
    <style>
        div {border: 1px solid red; padding: 5px; margin: 5px}
    </style>
</head>
<body>
    操作页面元素<span>人邮教育</span>在线<span>JavaScript 教程</span>
    <button id="btn1">wrapInner 元素</button>
    <script>
        $(function () {
                    $('#btn1').click(function () { $('span').wrapInner('<div><b></b></div>') }) })
    </script>
</body>
</html>
```

在浏览器中的运行结果与例 9-12 使用 wrap()方法包装元素的结果相同，如图 9-13 所示，但页面元素的结构不同。本例中，单击"wrapInner 元素"按钮后，页面中的元素基本结构如下。

```
操作页面元素
<span><div><b>人邮教育</b></div></span>
在线
<span><div><b>JavaScript 教程</b></div></span>
<button id="btn1">wrapInner 元素</button>
<script>…</script>
```

页面中原来的两个<span>元素内部的文本，分别被"<div><b></b></div>"结构包装起来了。

9.3.4　unwrap()方法

unwrap()方法执行 wrap()方法的反向操作，即删除目标元素的父元素。

【例 9-15】用 unwrap()方法解包页面中的<span>元素。源文件：09\test9-15.html。

```
<html>
```

```
<head>
    <script src="jquery-3.7.1.min.js"></script>
    <style>
        div { border: 1px solid red; padding: 1px; margin: 1px }
    </style>
</head>
<body>
    操作页面元素 <div><b><span>人邮教育</span></b></div> 在线
    <div><b><span>JavaScript 教程</span></b></div>
    <button id="btn1">unwrap 元素</button>
    <script>
        $(function () {
            $('#btn1').click(function () {  $('span').unwrap() })
        })
    </script>
</body>
</html>
```

在浏览器中的运行结果如图 9-15 所示。第 1 次单击"unwrap 元素"按钮时，删除所有<span>元素外部的<b>标记。第 2 次单击"unwrap 元素"按钮时，删除所有<span>元素外部的<div>标记。

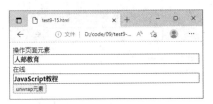

（a）初始页面

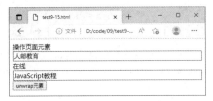

（b）第 1 次单击"unwrap 元素"按钮后

（c）第 2 次单击"unwrap 元素"按钮后

图 9-15　使用 unwrap()方法解包元素

9.4　替换内容

使用 jQuery 提供的 replaceWith()方法和 replaceAll()方法可将页面中的元素替换为新的内容。

9.4.1　replaceWith()方法

replaceWith()方法用指定参数替换选中的元素，参数可以是 HTML 字符串、DOM 元素、DOM 元素数组或者 jQuery 对象。

【例 9-16】 用 replaceWith ()方法替换元素。源文件：09\test9-16.html。

replaceWith()
方法

```
<html>
<head>
    <script src="jquery-3.7.1.min.js"></script>
    <style>b{border: 1px solid black;margin: 5px;padding: 5px;}</style>
</head>
<body>
    操作页面元素<span>人邮教育</span>在线<span>JavaScript 教程</span>
    <button id="btn1">替换元素</button>
    <script>
        $(function () {
            $('#btn1').click(function () {$('span').replaceWith('<B>新段落</B>') })
        })
    </script>
</body>
</html>
```

在浏览器中的运行结果如图 9-16 所示。

（a）初始页面　　　　　　　　　　　　　（b）单击"替换元素"按钮后

图 9-16　使用 replaceWith()方法替换元素

单击"替换元素"按钮后，文档中的"人邮教育"和"JavaScript
教程"均被替换为"<B>新段落</B>"。

replaceWith()方法会删除页面中的选中元素，并将这些元素封装在 jQuery 对象中，作为方法
返回结果。

【例 9-17】　修改例 9-16，在页面中显示被 replaceWith()方法替换的内容。源文件：09\
test9-17.html。

```
<html>
<head>
    <script src="jquery-3.7.1.min.js"></script>
    <style> div {border: 1px solid red; padding: 5px; margin: 5px }</style>
</head>
<body>
    操作页面元素<span>人邮教育</span>在线<span>JavaScript 教程</span>
    <button id="btn1">替换元素</button>
    <div></div>
    <script>
        $(function () {
            $('#btn1').click(function () {
                obj = $('span').replaceWith('<B>新段落</B>')      //引用封装被替换元素的 jQuery 对象
                s = ''
                for (i = 0; i < obj.length; i++)
                    s +=(i+1)+'、'+ $(obj[i]).prop('outerHTML') + ' ';  //获得被删除的 HTML 代码
                $('div').text('被替换的内容：' +s)
```

```
        })
    })
  </script>
</body>
</html>
```

在浏览器中运行时，单击"替换元素"按钮前后的页面如图 9-17 所示。

图 9-17　显示被替换内容

replaceWith()方法还可用页面中的现有元素去替换另一个元素，相当于将元素移动到另一个元素的位置，另一个元素被删除。

【例 9-18】　用页面中的元素替换另一个元素。源文件：09\test9-18.html。

```
<html>
<head><script src="jquery-3.7.1.min.js"></script></head>
<body>
    <div>段落 1</div><div>段落 2</div><div>段落 3</div><div>段落 4</div>
    <button id="btn1">替换元素</button>
    <script>
        $(function () {
            $('#btn1').click(function () { $('div:first').replaceWith($('div:last')) })
        })
    </script>
</body>
</html>
```

在浏览器中的运行结果如图 9-18 所示。

（a）初始页面

（b）第 1 次单击"替换元素"按钮后

（c）第 2 次单击"替换元素"按钮后

图 9-18　替换元素

9.4.2　replaceAll()方法

replaceAll()方法

replaceAll()和 replaceWith()作用相同，但 replaceAll()不返回被替换对象。

【例 9-19】 修改例 9-18，使用 replaceAll()方法完成替换。源文件：09\
test9-19.html。

```html
<html>
<head><script src="jquery-3.7.1.min.js"></script></head>
<body>
    <div>段落 1</div><div>段落 2</div><div>段落 3</div><div>段落 4</div>
    <button id="btn1">替换元素</button>
    <script>
        $(function () {
            $('#btn1').click(function () { $('div:last').replaceAll($('div:first')) })
        })
    </script>
</body>
</html>
```

在浏览器中的运行结果与图 9-18 相同。

9.5　删除内容

jQuery 还提供了 empty()、remove()和 detach()等方法用于删除页面中的
内容。

empty()方法

9.5.1　empty()方法

empty()方法删除元素的全部内容，剩下空的元素。

【例 9-20】 使用 empty()方法删除元素内容。源文件：09\test9-20.html。

```html
<html>
<head>
    <script src="jquery-3.7.1.min.js"></script>
    <style> div {border: 1px solid red; padding: 5px; margin: 5px } </style>
</head>
<body>
    <div class="c1">段落 1</div><div class="c1"><div>段落 2</div></div>
    <button id="btn1">empty 删除</button>
    <script>
        $(function () { $('#btn1').click(function () {$('.c1').empty()}) })
    </script>
</body></html>
```

在浏览器中的运行结果如图 9-19 所示。

单击"empty 删除"按钮后，两个 class 属性值为"c1"的<div>内部的内容被删除，只保留
空的<div>。删除内容后的<div>结构如下。

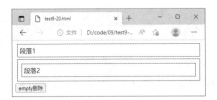

图 9-19　使用 empty()方法删除内容

```
<div class="c1"></div>
<div class="c1"></div>
```

9.5.2　remove()方法

remove()方法删除元素。

【例 9-21】　使用 remove ()方法删除元素。源文件：09\test9-21.html。

将例 9-20 中的"empty"替换为"remove"，在浏览器中的运行结果如图 9-20 所示。

remove()方法

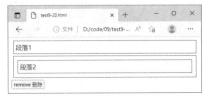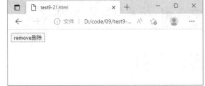

图 9-20　使用 remove ()方法删除元素

单击"remove 删除"按钮后，两个 class 属性值为"c1"的<div>及其内容均被删除。

9.5.3　detach()方法

detach()方法与 remove()方法类似，但 detach()方法可返回被删除的内容，以便将其重新插入页面或做他用。被删除的内容重新插入页面时，原有的数据和事件处理器保持不变。

【例 9-22】　使用 detach()方法删除内容，并将其重新插入页面。源文件：09\test9-22.html。

```html
<html>
<head>
    <script src="jquery-3.7.1.min.js"></script>
    <style>
        div {border: 1px solid red;padding: 5px;margin: 5px}
        .c1.back{background-color:aqua}
    </style>
</head>
<body>
    <div id="out">使用 detach()方法:
        <div class="c1">段落 1</div><hr /> <div class="c1"><div>段落 2</div></div>
    </div>
    <button id="btn1">删除</button><button id="btn2">插入</button>
    <span id="show"></span>
```

```
        <script>
            $(function () {
                var obj
                $('#btn1').click(function () { obj = $('.c1').detach() })
                $('#btn2').click(function () {
                    if (obj)
                        $('#show').append(obj)                        //将删除的内容重新插入页面
                })
                $('.c1').click(function () {$(this).toggleClass('back') })    //单击时切换背景
            })
        </script>
    </body>
</html>
```

在浏览器中运行时，单击段落可改变背景颜色，如图 9-21（a）所示。单击"删除"按钮后，两个段落被删除，如图 9-21（b）所示。单击"插入"按钮后，被删除的段落插入按钮下方，此时单击段落同样可改变背景颜色，如图 9-21（c）所示。

（a）初始页面

（b）单击"删除"按钮后

（c）重新插入删除的内容

图 9-21   使用 detach()方法

9.6 复制内容

clone()方法可用于复制元素，并可修改其内容。

【例 9-23】 使用 clone()方法复制元素。源文件：09\test9-23.html。

复制内容

```
<html>
<head>
    <script src="jquery-3.7.1.min.js"></script>
    <style> span {border: 1px solid red;padding: 5px;margin: 5px} </style>
</head>
<body>
```

```
    <span id="c1">文本</span><span id="out"></span><button id="btn1">复制元素</button>
    <script>
        $(function () {
            var n=0
            $('#btn1').click(function () {
                obj = $('#c1').clone()
                n++
                obj.text(obj.text()+" 副本"+n)
                $('#out').append(obj)
            })
        })
    </script>
</body>
</html>
```

在浏览器中的运行结果如图 9-22 所示。

图 9-22　复制元素

9.7　样式操作

在 HTML 文档中，串联样式表（Cascading Style Sheets，CSS）用于格式化元素。jQuery 提供了用于操作 CSS 的方法。

9.7.1　css()方法

css()方法可获取或设置 CSS 样式。

css()方法

【例 9-24】　使用 css()方法设置和查看元素 CSS 样式。源文件：09\test9-24.html。

```
<html>
<head>
    <script src="jquery-3.7.1.min.js"></script>
</head>
<body>
    <div>文本 1</div><div>文本 2</div>
    <button id="btn1">查看样式</button><button id="btn2">设置样式</button>
    <div id="out"></div>
    <script>
        $(function () {
            $('#btn1').click(function () {
                $('#out').text($('div').css("borderTopWidth"))          //获取样式
            })
            $('#btn2').click(function () {
```

```
                $('div:lt(2)').css({padding: "5px", margin: "5px" })      //为前两个 div 设置样式
                $('div:lt(2)').css("border","1px solid red")         //为前两个 div 设置样式
            })
        })
    </script>
</body>
</html>
```

在浏览器中运行时，首先单击"查看样式"按钮，获取<div>顶部边框宽度，显示在页面中，如图 9-23（a）所示。再单击"设置样式"按钮，改变其边框宽度，如图 9-23（b）所示。

（a）查看样式　　　　　　　　　　　　　　　　　（b）设置样式

图 9-23　使用 css()方法设置和查看元素样式

本例中用到了 css()方法设置样式的两种格式。第 1 种是用对象常量作为参数。

```
$('div:lt(2)').css({padding: "5px", margin: "5px" })
```

这种格式中，CSS 样式属性名可直接使用，属性值必须为字符串。当属性名为多个单词组合时，可使用 CSS 样式名字符串，例如{"background-color":"red"}；或者使用有大写字母的多单词组合，例如{backgroundColor:"red"}。

第 2 种格式用 CSS 样式属性名和属性值作为参数。

```
$('div:lt(2)').css("border","1px solid red")
```

该语句中的 border 是多个 CSS 样式属性名的简略写法，但在获取样式时不支持简略写法。所以本例在 btn2 按钮的 click 事件处理程序中，用了"$('div').css("borderTopWidth")"来获取<div>元素的顶部边框宽度。

在获取样式时，css()方法只返回匹配的多个元素中的第 1 个元素的样式设置。

9.7.2　CSS 类操作方法

jQuery 提供了直接操作元素 class 属性的方法。
- addClass()：添加类。
- removeClass()：删除类。
- toggleClass()：切换类。若元素无指定类，则为其添加该类；若有指定类，则将其删除。

【例 9-25】　使用 CSS 类操作方法。源文件：09\test9-25.html。

```
...
<body>
    <span id="s1">文本 1</span><span id="s2">文本 2</span><br>
    <button id="btn1">添加样式</button><button id="btn2">删除样式</button>
    <button id="btn3">切换样式</button>
```

195

```
    <script>
        $(function () {
            $('#btn1').click(function () { $('span').addClass("bp c") })          //添加类
            $('#btn2').click(function () { $('span:last').removeClass("c") })      //删除类
            $('#btn3').click(function () { $('span').toggleClass("bc") })          //切换类
        })
    </script>
</body>
</html>
```

在浏览器中运行时，初始页面如图 9-24（a）所示。单击"添加样式"按钮，为两个<span>添加样式，如图 9-24（b）所示。单击"删除样式"按钮，删除第 2 个<span>的文本颜色，如图 9-24（c）所示。单击"切换样式"按钮，可切换两个<span>的背景颜色，如图 9-24（d）所示。

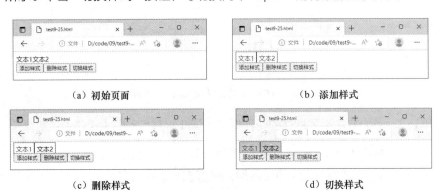

（a）初始页面　　　　　　　　　　　　（b）添加样式

（c）删除样式　　　　　　　　　　　　（d）切换样式

图 9-24　使用 CSS 类操作方法

9.8　编程实践：jQuery 版的选项卡切换

编程实践：jQuery
版的选项卡切换

本节综合应用本章所学知识，修改第 8 章中的编程实践，使用 jQuery 实现选项卡切换，鼠标指针指向选项卡标题时，显示对应的诗，如图 9-25 所示。

图 9-25　jQuery 版的选项卡切换

（1）在 VS Code 中选择"文件\新建文本文件"命令，新建一个文本文件。

（2）单击"选择语言"选项，打开语言列表。在语言列表中单击"HTML"，将语言设置为 HTML。

（3）在编辑器中输入如下代码。

```
<html>
<head>
    <script src="jquery-3.7.1.min.js"></script>
```

```
    <style>
        * {margin: 0;padding: 0; }
        li { list-style-type: none; }
        .tab { width: 490px; margin: 10px auto; }
        .tab_list { height: 40px; border: 1px solid rgb(72, 71, 71); background-color: #6e6b6bce; }
        .tab_list li {float: left; height: 40px; line-height: 40px; padding: 0 30px;
                    text-align: center;cursor: pointer; }
        .tab_list .current { background-color: red; color: white; }
        .tab_con div {display: none; border: 1px solid rgb(72, 71, 71); height: 100px;
                text-align: center; padding-top: 10px; }
        .tab_con .show {display: block;}
    </style>
</head>
<body>
    <div class="tab">
        <div class="tab_list">
            <ul>
                <li class="current">王维</li><li>李白</li><li>杜甫</li><li>苏轼</li><li>宋之问</li>
            </ul>
        </div>
        <div class="tab_con">
            <div class="show"  data-writer="王维">鹿柴<br>空山不见人，但闻人语响。<br>返景入深林，复照
青苔上。</div>
            <div  data-writer="李白">静夜思<br>床前明月光，疑是地上霜。<br>举头望明月，低头思故乡。</div>
            <div  data-writer="杜甫">绝句四首（其一）<br>两个黄鹂鸣翠柳，一行白鹭上青天。<br>窗含西岭千秋
雪，门泊东吴万里船。</div>
            <div  data-writer="苏轼">题西林壁<br>横看成岭侧成峰，远近高低各不同。<br>不识庐山真面目，只缘
身在此山中。</div>
            <div  data-writer="陆游">示儿<br>死去元知万事空，但悲不见九州同。<br>王师北定中原日，家祭无忘
告乃翁。</div>
        </div>
    </div>
    <script>
        $(function () {
            $('li').hover(
                function () {
                    $('.tab_list li').attr('class', '')          //取消当前选项卡设置
                    $('.tab_con>div').attr('class', '')           //隐藏所有诗
                    $(this).attr('class', 'current')              //设置当前<li>为当前选项卡
                    $('.tab_con[data-writer="'+$(this).text()+'"]').attr('class', 'show')
                        //显示当前选项卡内的诗
                }
            )
        })
    </script>
</body>
</html>
```

（4）按【Ctrl+S】组合键保存文件，文件名为 test9-26.html。

（5）按【Ctrl+F5】组合键运行文件，查看运行结果。

9.9 小结

本章主要介绍了如何操作 HTML 文档中的元素，包括元素内容操作、插入内容、包装内容、替换内容、删除内容、复制内容及样式操作等。熟练掌握本章内容，可以在脚本中利用 jQuery 轻松实现动态改变页面内容。

9.10 习题

一、填空题

1. _____方法类似于传统 DOM 的 innerHTML 属性。

2. _____方法用于读取或设置表单元素的值。

3. 在 attr()方法中只指定一个参数时，_____参数对应的元素属性值。

4. append()和 appendTo()方法可将参数添加到目标元素的_____。

5. prepend()和 prependTo()方法将内容添加到目标元素的_____。

6. wrapAll()方法将所有选中的元素_____包装在一个 HTML 结构中。

7. empty()和 remove()方法中，_____方法只删除元素内容。

8. css()方法可获取 CSS 样式，还可_____CSS 样式。

9. _____方法在元素有指定类时，会删除该类，否则添加该类。

10. wrapInner()方法用指定 HTML 结构包装选中元素的_____。

二、操作题

1. 编写一个 HTML 文档，在页面中显示两个<div>元素，单击"移动 DIV"按钮，可将第一个<div>元素移动到第二个<div>元素中，如图 9-26 所示。

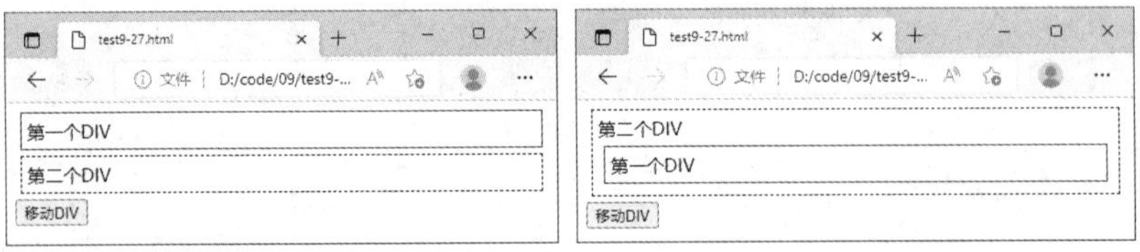

![图 9-26 操作题 1 运行结果]

图 9-26 操作题 1 运行结果

2. 编写一个 HTML 文档，在页面中显示一首唐诗，双击页面时，各行文字居中显示，如图 9-27 所示。

图 9-27 操作题 2 运行结果

3. 编写一个 HTML 文档，在页面中添加一个文本框。未输入内容时，文本框中用红色文字显示"请在此输入"；单击文本框开始输入时，隐藏提示文字"请在此输入"；文本框中有输入时，用黑色显示输入内容。运行结果如图 9-28 所示。

图 9-28　操作题 3 运行结果

4. 编写一个 HTML 文档，在页面中显示一个有序列表<ol>，单击"逆序"按钮，将列表中的选项按相反的顺序排列，如图 9-29 所示。

图 9-29　操作题 4 运行结果

5. 编写一个 HTML 文档，实现动态人员列表，在部门下拉列表中选择不同部门时，待选人员列表显示该部门人员名单。双击待选人员可将其添加到已选人员列表（不能重复选择）。双击已选人员，可将其从已选人员列表删除。运行结果如图 9-30 所示。

图 9-30　操作题 5 运行结果

第10章
jQuery 事件处理

重点知识：

jQuery 事件对象
附加和解除事件处理函数
事件快捷方法

事件处理是 jQuery 的重要优势之一。JavaScript 的事件处理机制并不完善，使用 jQuery 可以简化文档的事件处理，并使脚本更加安全、更具兼容性。

10.1 jQuery 事件对象

jQuery 事件对象封装了浏览器差异，并按照 W3C 标准进行了规范和统一，确保在所有浏览器中采用统一的处理方法。

10.1.1 事件对象构造函数

jQuery 的 Event()构造函数用事件名称作为参数来创建事件对象。使用构造函数创建事件对象时，可不使用 new 关键字。

事件对象构造
函数

```
var e1 = $.Event('click')              //创建事件对象
var e2 = new $.Event('click')          //创建事件对象
```

事件对象可作为 trigger()方法的参数来触发事件。

```
$('body').trigger(e1)                  //触发事件
```

【例 10-1】 使用事件对象。源文件：10\test10-1.html。

```
<html>
<head>
    <script src="jquery-3.7.1.min.js"></script>
</head>
<body>
    使用事件对象
    <script>
        $(function () {
```

```
                var n = 0
                $('body').on('click', function () {
                        $('body').append('<div>you click me:' + (++n) + '</div>')})
                var e1 = $.Event('click')                   //创建事件对象
                var e2 = new $.Event('click')               //创建事件对象
                for (i = 0; i < 3; i++)  $('body').trigger(e1)   //触发事件
                for (i = 0; i < 3; i++)  $('body').trigger(e2)   //触发事件
            })
        </script>
    </body>
</html>
```

浏览器中的运行结果如图 10-1 所示。

图 10-1　使用事件对象

脚本代码中，变量 *e1* 和 *e2* 引用了事件对象。在两个 for 循环中，$('body').trigger()方法触发 HTML 文档中 body 对象的 click 事件，事件处理函数将单击信息显示在页面中。从运行结果可看到 body 对象的 click 事件发生次数。

10.1.2　事件对象属性

事件对象封装了与事件相关的所有信息，其常用属性如下。

- event.currentTarget：事件冒泡过程中的当前 DOM 元素。
- event.data：事件对象存储的附加数据。
- event.pageX、event.pageY：鼠标事件发生时，鼠标指针在浏览器窗口中的坐标。
- event.relatedTarget：和事件有关的其他 DOM 元素，如鼠标指针离开的对象。
- event.result：事件处理函数的最新返回值。
- event.target：最初发生事件的 DOM 元素。
- event.timeStamp：事件发生的时间戳，单位为毫秒。
- event.type：事件类型。
- event.which：在发生键盘事件时，属性返回按键的 ASCII 值。发生鼠标事件时，属性返回所按下的鼠标按键。

jQuery 将事件对象作为第 1 个参数传递给事件处理函数，在事件处理函数中通过它来访问事件对象属性。

【例 10-2】 查看事件对象属性。源文件：10\test10-2.html。

```
<html>
<head>
```

```
        <script src="jquery-3.7.1.min.js"></script>
    </head>
    <body>
        <button>查看事件对象属性</button>
        <div></div>
        <script>
            $(function () {
                $('button').click(function (event) {
                    var s = '事件类型: ' + event.type + '<br>'
                        + '事件目标: ' + event.target.nodeName + '<br>'
                        + '鼠标指针坐标: ' + event.pageX + ',' + event.pageY + '<br>'
                        + '事件按键: ' + event.which + '<br>'
                        + '发生时间: ' + event.timeStamp
                    $('div').html(s)
                })
            })
        </script>
    </body>
</html>
```

在浏览器中运行时，单击"查看事件对象属性"按钮，页面中显示 click 事件对象的相关属性，如图 10-2 所示。

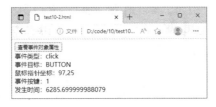

图 10-2　查看事件对象属性

10.1.3　事件对象方法

事件对象的常用方法如下。

事件对象方法

- event.preventDefault()：阻止事件默认行为。
- event.stopImmediatePropagation()：停止执行元素的所有事件处理函数，同时阻止事件冒泡。
- event.stopPropagation()：阻止事件冒泡。

【例 10-3】　阻止事件默认行为和事件冒泡。源文件：10\test10-3.html。

```
...
<body>
    <div id="div1"><a href="http://www.rymooc.com">人邮学院</a></div>
    <div id="div2"><a href="#">段落 2</a></div>
    <script>
        $(function () {
            $('a:first').click(function (event) {
                $(this).css('color', 'blue')
                event.preventDefault() //阻止事件默认行为，即单击链接后不跳转
```

```
        })
        $('a:last').click(function (event) {
            $(this).css('color', 'red')
            event.stopPropagation()                          //阻止事件冒泡
        })
        $('#div1').click(function () {
            $(this).append('<span class="news">冒泡事件已处理</span>')
        })
        $('#div2').click(function () {
            $(this).append('<span class="news">冒泡事件已处理</span>')    //不会执行
        })
    })
    </script>
</body>
</html>
```

在浏览器中的运行结果如图 10-3 所示。单击页面中的"人邮学院"链接时，正常情况下，浏览器跳转到指定的 URL。本例中执行了 preventDefault()方法，所以不会发生跳转。同时，click 事件可以冒泡，传递给它外部的<div>，该<div>的 click 事件处理函数被执行，在页面中添加文字，显示"冒泡事件已处理"，如图 10-3（a）所示。

单击页面中的"段落 2"链接，在改变链接文字颜色的同时阻止了事件冒泡，所以第 2 个<div>的 click 事件处理函数不会执行，如图 10-3（b）所示。

（a）阻止事件默认行为

（b）阻止事件冒泡

图 10-3　阻止事件默认行为和事件冒泡

10.2　附加和解除事件处理函数

附加事件处理函数指将函数和事件关联起来，在发生事件时执行该函数来处理事件。解除事件处理函数则是解除函数和事件的关联关系。

附加事件处理
函数

10.2.1　附加事件处理函数

on()方法为事件关联处理函数，早期的 bind()方法已被弃用。on()方法的基本语法格式如下。

```
$('selector').on('eventname',func)
```

$('selector')为要附加事件处理函数的目标对象。eventname 为事件名称，如 click。func 可以是函数名或者匿名函数，可以为元素的同一个事件附加多个处理函数。

【例 10-4】　为元素附加事件处理函数。源文件：10\test10-4.html。

```
<html>
<head> <script src="jquery-3.7.1.min.js"></script></head>
```

203

```
<body>
    <div>附加多个事件处理函数</div><button>改变 DIV</button>
    <script>
        $(function () {
            $('button').on('click',function (event) { $('div').css('border', 'dashed 1px red') })
            //设置边框
            $('button').on('click',function (event) { $('div').css('color', 'red') })
            //改变文字颜色
            $('button').on('click', addSub)
            function addSub() {$('div').append('<span>____子元素</span>') }
        })
    </script>
</body>
</html>
```

在浏览器中的运行结果如图 10-4 所示。脚本中，on()方法为<button>元素附加了 3 个 click 事件处理函数，前两个为匿名函数，第 3 个为命名函数。在页面中单击"改变 DIV"按钮时，触发 <button>元素的 click 事件，3 个事件处理函数依次被调用，分别为页面中的<div>元素添加边框、改变文字颜色和增加子元素。

图 10-4　为元素附加事件处理函数

10.2.2　解除事件处理函数

off()方法用于解除绑定到元素的事件处理函数，其基本语法格式如下。

```
$('selector').off('eventname',func)
```

$('selector')表示要解除事件处理函数的目标对象。eventname 表示要解除绑定的事件名称。func 是一个可选参数，表示要解除绑定的特定事件处理函数；如果不提供 func，则会解除匹配元素所有的事件处理函数。

解除事件处理函数

【例 10-5】　解除事件处理函数。源文件：10\test10-5.html。

修改例 10-4，增加一个按钮来解除事件处理函数。

```
<html>
<head><script src="jquery-3.7.1.min.js"></script></head>
<body>
    <div>附加多个事件处理函数</div>
    <button id="btn1">改变 DIV</button><button id="btn2">解除事件</button>
    <script>
        $(function () {
            $('#btn1').on('click', function (event) {
                $('div').css('border', 'dashed 1px red')  })    //设置边框
            $('#btn1').on('click', function (event) {
                $('div').css('color', 'red')         })         //改变文字颜色
            $('#btn1').on('click', addSub)
```

```
            function addSub() { $('div').append('<span>____子元素</span>') }
        $('#btn2').on('click', function (event) {
            $('#btn1').off('click', addSub)            })      //解除事件处理函数
        })
    </script>
</body>
</html>
```

在浏览器中运行时，若直接单击"改变 DIV"按钮，为按钮 btn1 附加的 3 个函数均会执行，结果如图 10-5（a）所示。刷新页面，先单击"解除事件"按钮，再单击"改变 DIV"按钮，此时为按钮 btn1 附加的 addSub()函数已被解除，所以不会添加子元素，结果如图 10-5（b）所示。

（a）3 个事件处理函数执行后的效果　　　　　（b）解除添加子元素函数后的效果

图 10-5　解除事件处理函数

10.3　事件快捷方法

jQuery 提供了一系列事件快捷方法来处理事件处理函数。例如，click()方法可以为对象附加 click 事件处理函数，不带参数时则可触发 click 事件。

10.3.1　浏览器事件快捷方法

浏览器事件快捷方法如下。

- resize()：带参数时，为对象附加 resize 事件处理函数。
- scroll()：带参数时，为对象附加 scroll 事件处理函数。

【例 10-6】　实时获取窗口大小。源文件：10\test10-6.html。

```
<html>
<head><script src="jquery-3.7.1.min.js"></script></head>
<body>
    <div></div>
    <script>
        $(function () {
            $(window).resize(function () {
                $('div').text('窗口宽度：' + $(window).width() + '，窗口高度：' + $(window).height())
            })
        })
    </script>
</body>
</html>
```

在浏览器中的运行结果如图 10-6 所示。

图 10-6　实时获取窗口大小

脚本中，"$(window).resize(function ()…)"为 Window 对象附加了一个处理 resize 事件的匿名函数，在窗口大小发生变化时，在页面中显示当前窗口的宽度和高度。

10.3.2　表单事件快捷方法

表单事件快捷方法如下。

- blur()：带参数时为对象附加 blur 事件处理函数。
- change()：带参数时为对象附加 change 事件处理函数。
- focus()：带参数时为对象附加 focus 事件处理函数。
- focusin()：带参数时为对象附加 focusin 事件处理函数。
- focusout()：带参数时为对象附加 focusout 事件处理函数。
- select()：带参数时为对象附加 select 事件处理函数。
- submit()：带参数时为对象附加 submit 事件处理函数。

另外，无参数的方法触发对象的对应事件。

【例 10-7】　使用从列表选择的颜色改变文本颜色。源文件：10\test10-7.html。

```html
<html>
<head>  <script src="jquery-3.7.1.min.js"></script></head>
<body>
    请选择颜色：
    <select>
        <option value="black">黑色</option><option value="green">绿色</option>
        <option value="blue">蓝色</option>
    </select>
    <div>应用颜色的文本</div>
    <script>
        $(function () { $('select').change(function () {$('div').css('color',$(this).val())})  })
    </script>
</body></html>
```

在浏览器中的运行结果如图 10-7 所示。

图 10-7　使用从列表选择的颜色改变文本颜色

10.3.3　键盘事件快捷方法

键盘事件快捷方法如下。

- keydown()：带参数时附加 keydown 事件处理函数。
- keypress()：带参数时附加 keypress 事件处理函数。
- keyup()：带参数时附加 keyup 事件处理函数。

另外，无参数的方法触发对象的对应事件。

【例 10-8】 同步显示输入字符的 ASCII 值。源文件：10\test10-8.html。

在<input>中输入时，在<div>中同步显示输入字符的 ASCII 值。

```html
<html>
<head> <script src="jquery-3.7.1.min.js"></script></head>
<body>
    请输入: <input type="text"/> <div>输入字符的 ASCII 值: </div>
    <script>
        $(function () {
            $('input').keypress(function (event) { $('div').text($('div').text() + " " + event.which) })
        })
    </script>
</body>
</html>
```

在浏览器中的运行结果如图 10-8 所示。

图 10-8　同步显示输入字符的 ASCII 值

鼠标事件快捷
方法

10.3.4　鼠标事件快捷方法

鼠标事件快捷方法如下。

- click()：带参数时附加 click 事件处理函数。
- contextmenu()：带参数时附加 contextmenu 事件处理函数。
- dblclick()：带参数时附加 dblclick 事件处理函数。
- hover()：只带一个参数时附加 mouseleave 事件处理函数；带两个参数时，第 1 个为 mouseenter 事件处理函数，第 2 个为 mouseleave 事件处理函数。
- mousedown()：带参数时附加 mousedown 事件处理函数。
- mouseenter()：带参数时附加 mouseenter 事件处理函数。
- mouseleave()：带参数时附加 mouseleave 事件处理函数。
- mousemove()：带参数时附加 mousemove 事件处理函数。
- mouseout()：带参数时附加 mouseout 事件处理函数。
- mouseover()：带参数时附加 mouseover 事件处理函数。
- mouseup()：带参数时附加 mouseup 事件处理函数。

【例 10-9】 鼠标指针进入时将<div>背景色设置为绿色，鼠标指针离开时设置为灰色。源文件：10\test10-9.html。

207

```
<html>
<head>
    <script src="jquery-3.7.1.min.js"></script>
    <style> div {border:1px dashed red;padding:2px}</style>
</head>
<body>
    <div>响应鼠标指针改变背景颜色</div>
    <script>
        $(function () {
            $('div').hover(function () { $('div').css('background-color','green')},
                           function () { $('div').css('background-color', 'grey')  })
        })
    </script>
</body>
</html>
```

在浏览器中的运行结果如图 10-9 所示。

图 10-9　在鼠标指针进入和离开时改变背景颜色

10.4　编程实践：jQuery 版的自由拖放

编程实践：jQuery
版的自由拖放

本节综合应用本章所学知识，修改 4.5 节中完成的图片自由拖放，使用 jQuery 来实现，如图 10-10 所示。

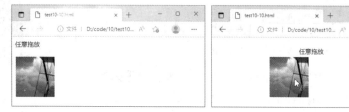

图 10-10　jQuery 版的自由拖放

具体操作步骤如下。

（1）在 VS Code 中选择"文件\新建文本文件"命令，新建一个文本文件。

（2）单击"选择语言"选项，打开语言列表。在语言列表中单击"HTML"，将语言设置为 HTML。

（3）在编辑器中输入如下代码。

```
<html>
<head>
    <script src="jquery-3.7.1.min.js"></script>
</head>
<body>
    <div style="position:absolute">任意拖放</div>
```

```
<img src="img1.png" width="100" height="100" style="position:absolute;left:10px;top:50px" />
<script>
    $(function () {
        $('div').mousedown(dealDrag)
        $('img').mousedown(dealDrag)
    })
    function dealDrag(event) {                          //按下鼠标按键时处理拖动
        var target = event.currentTarget
        var coordinate = $(target).offset()             //获得当前坐标
        var xoff = event.pageX - coordinate.left;       //计算新位置的偏移量
        var yoff = event.pageY - coordinate.top;        //计算新位置的偏移量
        event.stopPropagation()
        event.preventDefault()
        $(document).on('mousemove',function (ev) {
            $(target).offset({ left: ev.pageX - xoff, top: ev.pageY - yoff })    //设置新坐标
            ev.stopPropagation()
            ev.preventDefault()
        })
        $(document).on('mouseup',function (ev) {
            $(document).off('mousemove')     //解除附加的 mousemove 事件处理函数
        })
    }
</script>
</body>
</html>
```

（4）按【Ctrl+S】组合键保存文件，文件名设为 test10-10.html。

（5）按【Ctrl+F5】组合键运行文件，查看运行结果。

10.5　小结

　　本章主要介绍了 jQuery 事件处理机制，包括 jQuery 事件对象、附加和解除事件处理函数，以及如何使用事件快捷方法。

10.6　习题

一、填空题

1. jQuery 的_____函数可用于创建事件对象。

2. 事件对象可作为_____方法的参数来触发事件。

3. 事件对象的_____属性为事件冒泡过程中的当前 DOM 元素。

4. 在发生键盘事件时，事件对象的_____属性返回按键的 ASCII 值。

5. jQuery 将事件对象作为第_____个参数传递给事件处理函数。

6. 事件对象的_____方法可阻止事件默认行为。

7. 事件对象的_____方法可停止执行元素的所有事件处理函数，同时阻止事件冒泡。

8. _____方法用于为事件关联处理函数。

9. _____方法用于解除附加到元素的事件处理函数。

10. 事件对象的_____方法可停止执行元素的所有事件处理函数。

二、操作题

1. 编写一个 HTML 文档，在页面添加两个 id 分别为"btn1"和"btn2"的按钮，请用两种不同的 jQuery 方法为按钮添加 click 事件处理函数，在页面中显示单击按钮信息，运行结果如图 10-11 所示。

图 10-11　操作题 1 运行结果

2. 编写一个 HTML 文档，使用 jQuery 实现禁用右键快捷菜单，运行结果如图 10-12 所示。

3. 编写一个 HTML 文档，使用 jQuery 实现页面中的按钮跟随鼠标指针移动，运行结果如图 10-13 所示。

图 10-12　操作题 2 运行结果　　　　　图 10-13　操作题 3 运行结果

4. 编写一个 HTML 文档，在表格中显示姓名和成绩信息，使用 jQuery 实现单击标题时按该列排序，运行结果如图 10-14 所示。

图 10-14　操作题 4 运行结果

5. 编写一个 HTML 文档，在页面中提供颜色和字号选项，使用 jQuery 实现用户执行选择时实时改变上方文字的颜色和字号，运行结果如图 10-15 所示。

图 10-15　操作题 5 运行结果

第 11 章

jQuery 特效

重点知识：
- 简单特效
- 透明度特效
- 滑动特效
- 自定义动画
- 动画相关的属性和方法

在 JavaScript 中，要实现元素的动画效果，需要编写大段的脚本。jQuery 提供了一系列特效动画方法，只需调用这些方法，即可实现动画效果。

11.1 简单特效

简单特效是利用 jQuery 提供的方法来实现元素的隐藏和显示的功能。隐藏和显示的过程可具有动画特效。

11.1.1 隐藏元素

hide()方法用于隐藏元素，并可根据参数实现不同的动画效果。

1. 直接隐藏

无参数的 hide()方法可直接隐藏元素，没有动画效果。

【例 11-1】 单击隐藏图片。源文件：11\test11-1.html。

```html
<html>
<head> <script src="jquery-3.7.1.min.js"></script>   </head>
<body>
    <img width="200" height="80" src="img1.png" />
    <script>
       $(function () {  $('img').click(function () { $(this).hide() })  })
    </script>
</body>
</html>
```

在浏览器中的运行结果如图 11-1 所示。单击图片后，图片被隐藏。

隐藏元素

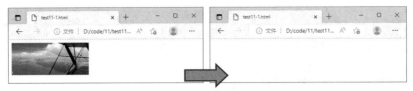

图 11-1　单击隐藏图片

2．控制隐藏的快慢

可用字符串"slow""normal"和"fast"控制动画完成的快慢，这适用于所有特效方法。为 hide()方法提供参数后，会以动画的方式完成隐藏。

【例 11-2】　慢速完成图片隐藏。源文件：11\test11-2.html。

在例 11-1 脚本中的 hide()方法加上参数 slow，就可以使用较慢的动画效果完成图片的隐藏。

```
...
$('img').click(function () { $(this).hide("slow") })
...
```

在浏览器中的运行结果如图 11-2 所示。

图 11-2　慢速完成图片隐藏

3．设置完成动作的时间

可为特效方法指定一个时间（单位为毫秒）作为参数，以控制完成动作的时间。

> **提示**　jQuery 默认动作完成时间为 400ms，"fast"为 200ms，"normal"为默认的 400ms，"slow"为 600ms。

【例 11-3】　按指定时间完成图片隐藏。源文件：11\test11-3.html。

在例 11-1 脚本中的 hide()方法加上参数 5000，就可以在 5s 内完成图片的隐藏特效。

```
...
$('img').click(function () { $(this).hide(5000) })     //5s 内完成隐藏
...
```

在浏览器中的运行结果与图 11-2 类似。

4．指定完成函数

可以为 hide()方法指定一个函数，该函数在动作完成时执行，基本格式如下。

```
.hide(param1,func)
```

参数 param1 是表示动画快慢的字符串或完成时间。参数 func 为函数名或者匿名函数。特别说明：几乎所有的 jQuery 特效方法，均可指定完成函数。

【例 11-4】　完成图片隐藏，并显示完成提示。源文件：11\test11-4.html。

修改例 11-1，在 5s 内完成图片隐藏，然后显示文字。

```
...
$(this).hide(5000, function () {              //5s 内完成隐藏，然后显示文字
    $('body').append('已完成图片的隐藏')
})
...
```

在浏览器中的运行结果如图 11-3 所示。

图 11-3　完成图片隐藏并显示文字

11.1.2　显示元素

显示元素

show()方法与 hide()方法的作用刚好相反，用于将隐藏的元素显示出来。在不指定参数时，show()方法直接显示元素。还可指定完成显示元素的动作快慢、完成时间及完成时回调函数。

【例 11-5】 以多种方法完成图片显示。源文件：11\test11-5.html。

```
<html>
<head>  <script src="jquery-3.7.1.min.js"></script></head>
<body>
    <img width="200" height="80" src="img1.png" style="display:none" /><br>
    <button id="btn1">直接显示</button>
    <button id="btn2">slow 显示</button>
    <button id="btn3">5 秒显示</button>
    <button id="btn4">显示完成提示</button>
    <button id="btn5">隐藏</button>
    <script>
        $(function () {
            $('#btn1').click(function () { $('img').show() })          //直接显示
            $('#btn2').click(function () { $('img').show('slow') })    //慢动作完成显示
            $('#btn3').click(function () { $('img').show(5000) })      //5s 内完成显示
            $('#btn4').click(function () {
                $('img').show(5000, function () {                      //5s 内完成显示，然后显示文字
                    $('body').prepend('<div>已完成图片显示<div>')
                })
            })
            $('#btn5').click(function () {
                $('img').hide()              //隐藏图片
                $('div').remove()            //删除显示的文字
            })
        })
    </script>
```

213

```
</body>
</html>
```

在浏览器中运行时，图片最初是隐藏的，单击"直接显示"按钮显示图片，如图 11-4 所示。单击页面中的"隐藏"按钮可隐藏显示出来的图片。

图 11-4　直接显示图片

单击"slow 显示"按钮，可以慢动作完成图片的显示，如图 11-5 所示。隐藏图片后，单击"5秒显示"按钮，可在 5s 内完成图片的显示。

图 11-5　以慢动作完成图片的显示

隐藏图片后，单击"显示完成提示"按钮，可在 5s 内完成图片的显示，并显示完成提示，如图 11-6 所示。

图 11-6　在完成图片显示后显示提示

11.1.3　隐藏/显示切换

隐藏/显示切换

toggle()方法兼具 hide()和 show()方法的功能，用法类似，可隐藏已显示的元素，或者显示已隐藏的元素。

【例 11-6】　使用 toggle()方法隐藏或显示图片。源文件：11\test11-6.html。

```
<html>
<head> <script src="jquery-3.7.1.min.js"></script> </head>
<body>
    <img width="200" height="80" src="img1.png"/><br>
    <button id="btn1">直接显示/隐藏</button>
    <button id="btn2">slow 显示/隐藏</button>
    <button id="btn3">5 秒显示/隐藏</button>
    <button id="btn4">显示完成提示</button><br>
```

```
<script>
    $(function () {
        $('#btn1').click(function () { $('img').toggle() })          //直接切换
        $('#btn2').click(function () { $('img').toggle('slow') })   //慢动作完成切换
        $('#btn3').click(function () { $('img').toggle(5000) })      //5 秒内完成切换
        $('#btn4').click(function () {
            $('img').toggle(5000, function () {     //5 秒内完成切换，然后显示对话框
                alert('动作完成')
            })
        })
    })
</script>
</body>
</html>
```

在浏览器中运行时，图片最初是显示的，单击"直接显示/隐藏"按钮可隐藏图片，如图 11-7 所示。再次单击"直接显示/隐藏"按钮可显示图片。

图 11-7　直接显示/隐藏图片

单击"slow 显示/隐藏"按钮，可以慢动作完成图片的显示或者隐藏，如图 11-8 所示。单击"5s 显示/隐藏"按钮，可在 5s 内完成图片的显示或者隐藏，过程与慢动作完成类似。

图 11-8　以慢动作完成图片的隐藏

单击"显示完成提示"按钮，可在 5s 内完成图片的显示或隐藏，并显示完成提示，如图 11-9 所示。

图 11-9　在完成图片显示后显示提示

11.2　透明度特效

透明度特效通过改变元素的透明度来实现动画效果。

11.2.1 淡入效果

淡入效果

fadeIn()方法可实现淡入效果，将元素的透明度从 100 减到 0，即从不可见变为可见。

【例 11-7】 图片淡入。源文件：11\test11-7.html。

```html
<html>
<head> <script src="jquery-3.7.1.min.js"></script> </head>
<body>
    <img width="200" height="80" src="img1.png" style="display:none" /><br>
    <button id="btn1">fadeIn</button>
    <script>
        $(function () {
            $('#btn1').click(function () { $('img').fadeIn(5000) })     //5秒淡入
        })
    </script>
</body>
</html>
```

在浏览器中的运行结果如图 11-10 所示。

图 11-10　图片淡入效果

11.2.2 淡出效果

淡出效果

fadeOut()方法可实现淡出效果，将可见元素的透明度从 0 增加到 100，即从可见变为不可见。

【例 11-8】 图片淡出。源文件：11\test11-8.html。

```html
<html>
<head> <script src="jquery-3.7.1.min.js"></script> </head>
<body>
    <img width="200" height="80" src="img1.png"/><br>
    <button id="btn1">fadeOut</button>
    <script>
        $(function () {
            $('#btn1').click(function () { $('img').fadeOut(5000) })     //5秒淡出
        })
    </script>
</body>
</html>
```

在浏览器中的运行结果如图 11-11 所示。

图 11-11　图片淡出效果

调整透明度

11.2.3　调整透明度

fadeTo()方法调整元素的透明度，参数取值范围为[0,1]。

【例 11-9】　动态调整透明度。源文件：11\test11-9.html。

```html
<html>
<head>    <script src="jquery-3.7.1.min.js"></script> </head>
<body>
    <img width="200" height="80" src="img1.png"/><br>
    <button id="btn1">fadeTo</button>
    <script>
        $(function () {
            $('#btn1').click(function () { $('img').fadeTo(5000,0.2) })    //5秒调整透明度
        })
    </script>
</body>
</html>
```

代码中，"0.2"表示透明度为原来的 20%。在浏览器中的运行结果如图 11-12 所示。

图 11-12　动态调整透明度

淡入淡出切换

11.2.4　淡入淡出切换

fadeToggle()方法用于实现淡入淡出切换，即对可见元素施加淡出效果（fadeOut()），对不可见元素施加淡入效果（fadeIn()）。

【例 11-10】　淡入淡出切换。源文件：11\test11-10.html。

```html
<html>
<head> <script src="jquery-3.7.1.min.js"></script> </head>
<body>
    <img width="200" height="80" src="img1.png" /><br>
    <button id="btn1">fadeToggle</button>
    <script>
        $(function () {
            $('#btn1').click(function () { $('img').fadeToggle(5000) })    //5秒淡入淡出切换
        })
    </script>
</body>
</html>
```

217

在浏览器中的运行结果如图 11-13 所示。

（a）淡出效果

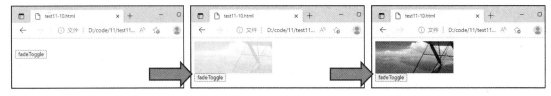

（b）淡入效果

图 11-13　淡入淡出切换

11.3　滑动特效

滑动特效通过调整元素的高度来实现动画效果。

11.3.1　滑入效果

滑入效果

slideDown()方法将元素的高度从 0 增加到实际高度。

【例 11-11】　实现图片滑入效果。源文件：11\test11-11.html。

```html
<html>
<head>    <script src="jquery-3.7.1.min.js"></script> </head>
<body>
    <img width="200" height="100" src="img1.png" style="display:none"/><br>
    <button id="btn1">slideDown</button>
    <script>
        $(function () {
            $('#btn1').click(function () { $('img').slideDown(5000) })    //5秒调整高度
        })
    </script>
</body>
</html>
```

在浏览器中的运行结果如图 11-14 所示。

图 11-14　图片滑入效果

11.3.2 滑出效果

滑出效果

slideUp()方法将可见元素的高度从实际高度减少到 0。

【例 11-12】 实现图片滑出效果。源文件：11\test11-12.html。

```
...
<body>
    <img width="200" height="100" src="img1.png"/><br>
    <button id="btn1">slideUp</button>
    <script>
        $(function () {
            $('#btn1').click(function () { $('img').slideUp(5000) })    //5s 调整高度
...
```

在浏览器中的运行结果如图 11-15 所示。

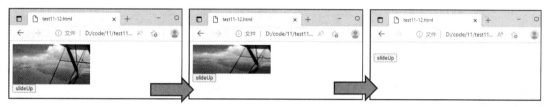

图 11-15　图片滑出效果

11.3.3 滑入滑出切换效果

滑入滑出切换
效果

slideToggle()方法对可见元素施加滑出效果，对不可见元素施加滑入效果。

【例 11-13】 实现图片滑入滑出切换效果。源文件：11\test11-13.html。

```
<html>
<head>    <script src="jquery-3.7.1.min.js"></script> </head>
<body>
    <img width="200" height="100" src="img1.png"/><br>
    <button id="btn1">slideToggle</button>
    <script>
        $(function () {
            $('#btn1').click(function () { $('img').slideToggle(5000) })    //5 秒调整高度
        })
    </script>
</body>
</html>
```

在浏览器中的运行结果如图 11-16 所示。

图 11-16　图片滑入滑出切换效果

图 11-16　图片滑入滑出切换效果（续）

11.4　自定义动画

animate()方法可实现自定义动画，其基本语法格式如下。

```
.animate( property [, duration ] [, complete ] )
```

其中，property 为以对象格式表示的 CSS 属性，如{width:"200",left:"100px"}。duration 为动画完成时间（单位为毫秒），或者是表示快慢的字符串（"slow""normal"或"fast"），complete 为动画完成时调用的函数。

> **提示**　animate()方法只支持属性值为数字的 CSS 属性，如 width、height、left、opacity 等。

11.4.1　字面量动画

字面量动画

在 animate()方法中使用字面量设置 CSS 属性时，jQuery 将会把现有的属性值通过动画效果调整为新的值。

【例 11-14】　使用字面量调整图片宽度和高度。源文件：11\test11-14.html。

```html
<html>
<head> <script src="jquery-3.7.1.min.js"></script> </head>
<body>
    <img width="20" height="10" src="img1.png"/><br>
    <button id="btn1">animate</button>
    <script>
        $(function () {
            $('#btn1').click(function () {
                $('img').animate({ width: '200', height: '80' }, 5000, function () {
                    $('img').after('动画结束')
                })
            })
        })
    </script>
</body>
</html>
```

在浏览器中的运行结果如图 11-17 所示。脚本在 5s 内将图片宽度增加到 200，将高度增加到 80。动画完成时，通过回调函数在页面中添加文字提示。

图 11-17　用字面量调整图片宽度和高度

11.4.2　相对量动画

相对量动画

相对量动画指使用相对量来设置 CSS 属性。例如，{width: '+=200'}表示元素宽度在原来的基础上增加 200，{width: '-=200'}则表示元素宽度在原来的基础上减少 200。

【例 11-15】　使用相对量调整图片宽度和高度。源文件：11\test11-15.html。

```html
<html>
<head> <script src="jquery-3.7.1.min.js"></script> </head>
<body>
    <img width="200" height="80" src="img1.png"/><br>
    <button id="btn1">animate</button>
    <script>
        $(function () {
            $('#btn1').click(function () {
                $('img').animate({ width: '+=200', height: '-=50' }, 5000)
            })
        })
    </script>
</body>
</html>
```

在浏览器中的运行结果如图 11-18 所示。单击"animate"按钮后，图片宽度增加 200，高度减少 50。

图 11-18　用相对量调整图片宽度和高度

11.4.3　自定义显示或隐藏

自定义显示或
隐藏

在使用 animate()方法定义动画时，CSS 属性可使用"show""hide"或"toggle"字符串来实现元素的显示或隐藏，类似于 show()、hide()或 toggle()方法。例如，{ width: 'toggle'}表示在元素可见时，将其宽度逐渐减为 0；元素不可见时，增加其宽度直到为实际宽度。

【例 11-16】　通过调整宽度和高度实现图片的显示和隐藏。源文件：11\test11-16.html。

221

```
<html>
<head><script src="jquery-3.7.1.min.js"></script> </head>
<body>
    <img width="200" height="80" src="img1.png"/><br>
    <button id="btn1">animate</button>
    <script>
        $(function () {
            $('#btn1').click(function () {
                $('img').animate({ width: 'toggle',height:'toggle'}, 5000) //5秒完成宽度和高度调整
            })
        })
    </script>
</body>
</html>
```

图 11-19 显示了图片通过减小宽度和高度实现图片隐藏的动画过程。图片隐藏后，再单击"animate"按钮，则可实现从隐藏到完全显示的动画过程。

图 11-19　调整宽度和高度实现图片的显示和隐藏

11.4.4　位置动画

在 animate()方法中改变元素的 left 或 top 属性，可实现位置动画。实现元素位置动画时，需要将 CSS position 属性设置为 absolute、relative 或 fixed。position 属性值为 static（默认值）时，无法实现元素的移动。

位置动画

【例 11-17】　移动图片。源文件：11\test11-17.html。

```
<html>
<head><script src="jquery-3.7.1.min.js"></script> </head>
<body>
    <button id="btn1">animate</button><br>
    <img width="120" height="60" src="img1.png" style="position:absolute"/>
    <script>
        $(function () {
            $('#btn1').click(function () {
                $('img').animate({ left: '160px',top:'60px'}, 5000)    //5秒完成位置移动
            })
        })
    </script>
</body>
</html>
```

在浏览器中的运行结果如图 11-20 所示。

图 11-20　移动图片

11.5　动画相关的属性和方法

本节介绍几个与动画有关的属性和方法。

动画延时

11.5.1　动画延时

delay()方法用于实现延时操作，参数为时间（单位为毫秒）。

【例 11-18】　使用 delay()方法实现延时操作。源文件：11\test11-18.html。

```html
<html>
<head> <script src="jquery-3.7.1.min.js"></script> </head>
<body>
    <button id="btn1">淡出淡入</button><br>
    <img width="120" height="60" src="img1.png" style="position:absolute"/>
    <script>
        $(function () {
            $('#btn1').click(function () {
                $('img').fadeOut(1000)                    //1 秒淡出
                    .delay(1000)                          //延时 1 秒
                    .fadeIn(1000)                         //1 秒淡入
            })
        })
    </script>
</body>
</html>
```

在浏览器中的运行结果如图 11-21 所示。

图 11-21　延时操作

停止动画

11.5.2　停止动画

stop()方法用于停止正在执行的动画，目标对象的 CSS 属性为动画停止时的状态。

【例 11-19】　使用 stop ()方法停止动画。源文件：11\test11-19.html。

```
<html>
<head> <script src="jquery-3.7.1.min.js"></script> </head>
<body>
    <button id="btn1">淡出淡入</button><button id="btn2">停止</button><br>
    <img width="120" height="60" src="img1.png" style="position:absolute"/>
    <script>
        $(function () {
            $('#btn1').click(function () { $('img').fadeToggle(2000) })   //2秒完成切换
            $('#btn2').click(function () { $('img').stop() })             //停止动画
        })
    </script>
</body>
</html>
```

11.5.3 结束动画

结束动画

finish()方法结束正在执行的动画，目标对象的 CSS 属性设置为动画正常结束时的状态，即跳过还未完成的动画过程，直接显示结束状态。

【例 11-20】 使用 finish ()方法结束动画。源文件：11\test11-20.html。

```
<html>
<head> <script src="jquery-3.7.1.min.js"></script> </head>
<body>
    <button id="btn1">右移</button><button id="btn2">结束</button><br>
    <img width="120" height="60" src="img1.png" style="position:absolute"/>
    <script>
        $(function () {
            $('#btn1').click(function () { $('img').animate({left:"+=100px"},2000) }) //2秒完成右移
            $('#btn2').click(function () { $('img').finish() })             //结束动画
        })
    </script>
</body>
</html>
```

11.5.4 禁止动画效果

禁止动画效果

jQuery.fx.off 属性设置为 true 时，可禁止页面中所有的动画效果，直接将目标对象的 CSS 属性设置为最终状态。

【例 11-21】 禁止动画效果。源文件：11\test11-21.html。

```
<html>
<head><script src="jquery-3.7.1.min.js"></script> </head>
<body>
    <button id="btn1">右移</button><button id="btn2">禁止效果</button><br>
    <img width="120" height="60" src="img1.png" style="position:absolute"/>
    <script>
        $(function () {
            $('#btn1').click(function () { $('img').animate({ left: "+=100px" }, 2000) })//2秒完成右移
            $('#btn2').click(function () { $.fx.off=true })//禁止效果
```

```
        })
    </script>
</body>
</html>
```

在浏览器中运行时，若未禁止效果，单击"右移"按钮时，图片以动画方式向右移动 100px。单击"禁止效果"按钮禁止效果，再单击"右移"按钮时，图片直接向右跳动（左边距增加 100px）。

11.6 编程实践：动态显示和隐藏选项卡内容

编程实践：动态显示和隐藏选项卡内容

本节综合应用本章所学知识，在页面中设计一个选项卡，选项卡标题显示诗的作者，单击选项卡标题，诗的内容以动画方式出现和隐藏，如图 11-22 所示。

图 11-22 诗的内容以动画方式出现和隐藏

具体操作步骤如下。

（1）在 VS Code 中选择"文件\新建文本文件"命令，新建一个文本文件。

（2）单击"选择语言"选项，打开语言列表。在语言列表中单击"HTML"，将语言设置为 HTML。

（3）在编辑器中输入如下代码。

```html
<html>
<head>
    <script src="jquery-3.7.1.min.js"></script>
    <style>
        * { margin: 0; padding: 0; }
        li { list-style-type: none; }
        .tab {width: 490px; margin: 10px auto; }
        .tab_list {height: 40px; border: 1px solid rgb(72, 71, 71); background-color: #6e6b6bce;}
        .tab_list li {float: left; height: 40px; line-height: 40px; padding: 0 30px;
            text-align: center; cursor: pointer;    }
        .tab_list .current {background-color: red; color: white; }
        .tab_con div {display: none; height: 100px; text-align: center; padding-top: 10px; }
        .tab_con { border: 1px solid rgb(72, 71, 71); height: 100px;text-align: center;
            padding-top: 10px;}
    </style>
</head>
<body>
    <div class="tab">
        <div class="tab_list">
            <ul>
```

```
                    <li class="current">王维</li><li>李白</li><li>杜甫</li><li>苏轼</li><li>宋之问</li>
                </ul>
            </div>
            <div class="tab_con">
                <div class="show" data-writer="王维">九月九日忆山东兄弟<br>独在异乡为异客，每逢佳节倍思亲。
<br>遥知兄弟登高处，遍插茱萸少一人。</div>
                <div data-writer="李白">黄鹤楼送孟浩然之广陵<br>故人西辞黄鹤楼，烟花三月下扬州。<br>孤帆远影
碧空尽，唯见长江天际流。</div>
                <div data-writer="杜甫">江南逢李龟年<br>岐王宅里寻常见，崔九堂前几度闻。<br>正是江南好风景，
落花时节又逢君。</div>
                <div data-writer="苏轼">饮湖上初晴后雨<br>水光潋滟晴方好，山色空蒙雨亦奇。<br>欲把西湖比西子，
淡妆浓抹总相宜。</div>
                <div data-writer="宋之问">渡汉江<br>岭外音书绝，经冬复历春。<br>近乡情更怯，不敢问来人。</div>
            </div>
        </div>
        <script>
            $(function () {
                $('.tab_con[class="show"]').show()
                $('li').click(
                    function () {
                        $('.current').attr('class', '')        //取消当前选项卡设置
                        $(this).attr('class', 'current')        //设置当前<li>为当前选项卡
                        $('.tab_con[class="show"]').attr('class', '').toggle(2000) //隐藏已显示的诗
                        $('.tab_con[data-writer="' + $(this).text() + '"]')
                                .attr('class', 'show')    //显示当前选项卡内的诗
                                .toggle(2000)
                    }
                )
            })
        </script>
    </body>
</html>
```

（4）按【Ctrl+S】组合键保存文件，文件名为 test11-22.html。

（5）按【Ctrl+F5】组合键运行文件，查看运行结果。

11.7 小结

本章主要介绍了 jQuery 动画效果的相关方法，主要包括简单特效、透明度特效、滑动特效和自定义动画等。

11.8 习题

一、填空题

1. hide()方法可使用"slow""normal"和"_____"等字符串作为参数来隐藏元素。

2. hide("slow")方法完成隐藏元素的时间为_____ms。

3. toggle()方法可隐藏元素，还可_____元素。

4. fadeIn()方法可实现淡入效果，将元素的_____从 100 减到 0。

5. fadeTo()方法调整元素的透明度，参数取值范围为_____。

6. slideUp()方法将可见元素的高度从实际高度减少到_____。

7. animate()方法只支持直接用_____表示的 CSS 属性。

8. delay()方法用于实现延时操作，参数的单位为_____。

9. stop()方法停止动画时，目标对象为动画_____时的状态。

10. jQuery.fx.off 属性设置为_____时，可禁止页面中所有的动画效果。

二、操作题

1. 编写一个 HTML 文档，使用 jQuery 特效实现诗词在窗口中左右移动，运行结果如图 11-23 所示。

图 11-23　操作题 1 运行结果

2. 编写一个 HTML 文档，在页面中设计树形目录结构，单击目录项可展开或折叠目录，如图 11-24 所示。

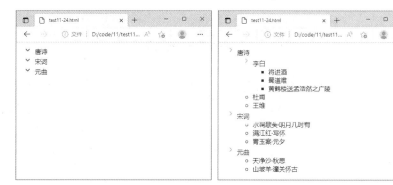

图 11-24　操作题 2 运行结果

3. 编写一个 HTML 文档，在页面中放置多首诗词，单击"上一首"和"下一首"按钮可切换显示诗词内容，如图 11-25 所示。

图 11-25　操作题 3 运行结果

4．编写一个 HTML 文档，设计导航菜单，鼠标指针指向导航栏中的菜单项时，显示下拉菜单，如图 11-26 所示。

图 11-26　操作题 4 运行结果

5．编写一个 HTML 文档，在页面中显示诗人名称，单击诗人名称时，以自定义对话框方式显示诗人简介，如图 11-27 所示。

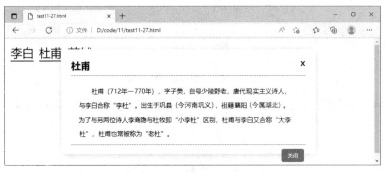

图 11-27　操作题 5 运行结果

第12章

AJAX

重点知识：
加载服务器数据
get()方法和 post()方法
获取 JSON 数据
获取脚本
事件处理

jQuery 提供了一套简单的 AJAX 方法，这些方法封装了原生 JavaScript 实现 AJAX 的复杂细节，例如请求状态管理，并解决了不同浏览器之间的兼容性问题。

本章将介绍如何使用 jQuery 提供的快捷方法来完成 AJAX 操作。

12.1 使用 XMLHttpRequest

AJAX 用于在后台发起 HTTP 请求，在无须用户干预的情况下向服务器发送或请求数据，并将响应结果加载到当前页面中。

12.1.1 AJAX 概述

AJAX 主要涉及 JavaScript、HTML、XML 和 DOM 等客户端网页技术。

在传统 Web 开发模式下，获取服务器数据意味着浏览器会发起一个 HTTP 请求，服务器接收到请求后，返回响应结果。浏览器接收到响应结果后，将其显示在浏览器窗口中。在这种模式下，即使仅修改页面中的一个字符，也需要从服务器返回包含该字符的整个 HTML 文档内容，并且，在浏览器显示出响应结果之前，用户只能等待。

传统 Web 开发模式的显著缺点是，响应 HTTP 请求总是需要返回新页面的全面 HTML 内容，这增加了网络数据流量和服务器计算工作量，用户体验也差。

AJAX 技术在后台发起 HTTP 请求，不影响用户继续浏览当前页面。服务器只返回更新页面必需的数据，这些数据通常为一个字符串。浏览器在接收到响应后，在不刷新页面的情况下，通过 JavaScript 脚本将响应内容显示在当前页面中。

AJAX 的一种典型应用就是搜索提示。例如，在图 12-1 所示的百度搜索中，输入字符串 java，会自动提示相关的推荐搜索列表。

图 12-1　AJAX 应用举例

AJAX 使用 XMLHttpRequest 对象来完成 HTTP 请求。典型的 AJAX 请求脚本通常包含下列基本步骤。

（1）创建 XMLHttpRequest 对象。

（2）设置 readystatechange 事件处理函数。

（3）打开请求。

（4）发送请求。

AJAX 请求脚本基本结构如下。

```
var xhr = getXMLHttpRequest()              //创建 XMLHttpRequest 对象
xhr.onreadystatechange = function () {     //设置 readystatechange 事件处理函数
    …                                       //处理服务器返回的响应结果
}
xhr.open("GET", "ajaxtext.txt")            //打开请求
xhr.send()                                 //发送请求
```

12.1.2　部署服务器

部署服务器

本书采用 Node.js 作为 Web 服务器，下面介绍如何在 Windows 10 中部署 Node.js，具体操作步骤如下。

（1）访问 Node.js 官网，如图 12-2 所示，可根据需要选择版本。单击页面中的下载按钮，下载 Node.js 安装程序。

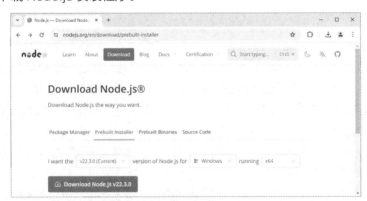

图 12-2　下载 Node.js 安装程序

（2）运行 Node.js 安装程序，打开安装向导欢迎界面，如图 12-3 所示。

（3）单击"Next"按钮，打开软件协议界面，如图 12-4 所示。

图 12-3 欢迎界面

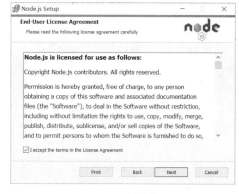

图 12-4 软件协议

（4）勾选"I accept the terms in the License Agreement"复选框，单击"Next"按钮，打开安装路径设置界面，如图 12-5 所示。

（5）使用默认安装路径，单击"Next"按钮，打开选择组件界面，如图 12-6 所示。

图 12-5 设置安装路径

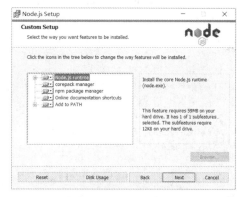

图 12-6 选择安装组件

（6）默认安装全部组件，单击"Next"按钮，打开可选工具安装设置界面，如图 12-7 所示。

（7）无须安装可选工具，单击"Next"按钮，打开准备安装界面，如图 12-8 所示。

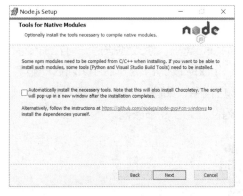

图 12-7 设置是否安装可选工具

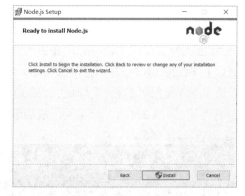

图 12-8 准备安装

（8）单击"Install"按钮，执行安装操作。安装完成后，打开完成界面，如图 12-9 所示。单击"Finish"按钮，结束安装操作。

（9）在 Windows"开始"菜单中选择"Node.js\Node.js"命令，可打开 Node.js 命令窗口，

在其中执行 JavaScript 命令，如图 12-10 所示。

图 12-9　完成界面

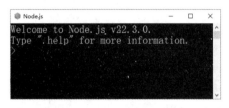

图 12-10　Node.js 命令窗口

（10）在 VS Code 中选择"文件\新建文本文件"命令，新建一个文本文件。

（11）单击"选择语言"选项，打开语言列表。在语言列表中单击"JavaScript"，将语言设置为 JavaScript。

（12）在编辑器中输入如下代码。

```javascript
var http = require('http')
http.createServer(function (request, response) {          //创建 Node.js 服务器
    // 设置 HTTP 头部，HTTP 状态值 200，表示响应正常；内容类型 text/plain 表示返回文本内容
    response.writeHead(200, { 'Content-Type': 'text/plain;charset=utf-8' });
    response.end('厉害了，JavaScript')                      // 发送响应数据 "厉害了，JavaScript"
}).listen(3000)                                            //运行服务器，并监听端口

console.log('Node.js 服务器运行于: http://127.0.0.1:3000');    // 在终端输出监测信息
```

（13）按【Ctrl+S】组合键保存文件，文件名为 server.js。（本章后面的实例都会在 server.js 中完成服务器端的请求处理。）

（14）在 Windows "开始"菜单中选择"Node.js\Node.js command prompt"命令，可打开系统命令窗口，如图 12-11 所示。

（15）进入 server.js 目录，然后执行"node server.js"命令，运行自定义的 Node.js 服务器。在 Web 应用开发过程中，可能需要多次修改 server.js 代码。修改代码后，可在命令窗口中按【Ctrl+C】组合键终止正在运行的服务器，然后执行"node server=js"命令重新启动服务器。

（16）在浏览器中访问 127.0.0.1:3000，查看响应信息，如图 12-12 所示。如果在浏览器中显示"厉害了，JavaScript"，说明已成功运行自定义的 Node.js 服务器。

图 12-11　运行 server.js

图 12-12　查询响应数据

12.1.3　创建 XMLHttpRequest 对象

Edge、Firefox、Chrome、Safari 及 Opera 等浏览器均支持调用内置的 XMLHttpRequest()函数来创建 XMLHttpRequest 对象。

```
var xhr = new XMLHttpRequest()
```

【例 12-1】 创建 XMLHttpRequest 对象。源文件：12\test12-1.html。

```
<html>
<head>
    <meta charset="utf-8" />
</head>
<body>
    <script>
        var xhr
        if (window.XMLHttpRequest) {      //Edge、IE、Firefox、Chrome、Safari 以及 Opera 等
            xhr = new XMLHttpRequest()
        }
        if (xhr)
            alert('已成功创建 XMLHttpRequest 对象！')
        else
            alert('无法创建 XMLHttpRequest 对象，\n 请使用 Edge、Firefox、Chrome、Safari 以及 Opera 等浏
览器的最新版本！')
    </script>
</body>
</html>
```

在浏览器中访问 http://localhost:3000/test12-1.html，运行结果如图 12-13 所示。

图 12-13　创建 XMLHttpRequest 对象

12.1.4　XMLHttpRequest 对象常用属性

XMLHttpRequest 对象常用属性如下。

1. onreadystatechange

该属性用于设置 readystatechange 事件处理函数。

2. readystate

该属性用于返回 AJAX 请求的处理状态。readystate 属性有下列 5 种取值。

- 0：请求未初始化。
- 1：服务器连接已建立。
- 2：请求已接收。

- 3：请求处理中。
- 4：请求已完成，且响应已就绪。

readystate 属性发生改变时会产生 readystatechange 事件，JavaScript 调用事件处理函数处理响应。

3. status 属性

status 属性返回服务器处理 HTTP 请求的状态码。常用状态码如下。

- 200：请求已成功处理。
- 202：请求已接受，但未成功处理。
- 400：错误的请求。
- 404：文件未找到。
- 408：请求超时。
- 500：服务器内部错误。

status 属性值在获得服务器返回的响应后才有意义。

4. responseText 和 responseXML

responseText 和 responseXML 属性都用于获得服务器的响应内容。如果服务器响应内容是普通文本字符串，则使用 responseText 属性。如果服务器的响应内容为 XML 格式，并准备将其作为 XML 对象来解析，则使用 responseXML 属性。

12.1.5 XMLHttpRequest 对象常用方法

XMLHttpRequest
对象常用方法

XMLHttpRequest 对象常用方法如下。

1. open()方法

open()方法用于设置 AJAX 发起 HTTP 请求时采用的方式、请求目标和其他参数，其基本语法格式如下。

```
xhr.open("method" , "url" , asyn , "username" , "password" )
```

其中，xhr 为 XMLHttpRequest 对象。method 为请求方式，例如 GET 或 POST。url 为请求的服务器文件 URL。asyn 为 true（同步）或 false（异步，默认值）。username 为用户名，password 为密码。除了 method 和 url 外，其他参数均可省略。

通常，只请求服务器数据时使用 GET 方式，向服务器提交数据时使用 POST 方式。请求的服务器文件的类型不限，.xml、.txt、.asp、.aspx、.jsp 或其他文件类型均可。

典型的 AJAX 是异步操作，即 open()方法的第 3 个参数为 false。

如果请求的服务器文件需要验证用户身份，则需要在 open()方法中提供用户名和密码。open()方法中提供的用户名和密码以明文方式传递，存在被拦截的风险，慎用。

例如，下面的语句采用 GET 方式异步请求服务器端的 data.xml 文件。

```
xhr.open("GET" , "data.xml")
```

2. send()方法

send()方法用于将 HTTP 请求发送给服务器，其基本语法格式如下。

```
xhr.send(str)
```

参数 str 为传递给服务器的数据（数据封装为 URL 查询参数格式），可以省略。

例如，服务器端处理查询的 ASP 文件为 doQuery.asp，可用下面的语句来发起 HTTP 请求。

```
var str = "type=程序设计&kword=Java"
xhr.open("POST", "doQuery.asp")
xhr.send(str)
```

也可将查询参数放在 open() 方法的 url 中。

```
var str = "type=程序设计&kword=Java"
xhr.open("POST", "doQuery.asp?" + str)
xhr.send()
```

3. setRequestHeader() 方法

setRequestHeader() 方法用于设置 HTTP 请求头。

```
xhr.setRequestHeader('Content-type', 'text/plain,charset=UTF-8')
```

setRequestHeader() 方法必须在 open() 方法之后、send() 方法之前进行调用，否则会出错。

4. getRequestHeader() 方法

getRequestHeader() 方法返回服务器响应的 HTTP 头参数。

```
var ctype = xhr.getRequestHeader('Content-type')
```

5. getAllRequestHeaders() 方法

getAllRequestHeaders () 方法以字符串的形式返回服务器响应的 HTTP 头的全部参数。

```
var rheaders= xhr.getAllRequestHeaders()
```

6. abort() 方法

abort() 方法用于停止当前异步请求。

```
xhr.abort()
```

【例 12-2】 获取 AJAX 请求状态和响应结果。源文件：12\test12-2.html，server.js。

（1）先在 VS Code 中创建一个文本文件 ajaxtext.txt，其内容如下。

```
AJAX 请求响应内容
```

（2）创建一个 HTML 文件 test12-2.html，其代码如下。将 test12-2.html 保存到 server.js 所在文件夹中。

```
<html><head> <meta charset="utf-8" /></head>
<body>
    <div id="myDiv"></div><button onclick="doAjaxRequest()">发起 AJAX 请求</button>
    <script>
        var myDiv = document.getElementById("myDiv")
        window.onerror = function (msg, url, line) {    //处理脚本错误
            alert('出错了: \n 错误信息: ' + msg + '\n 错误文档: ' + url + '\n 出错位置: ' + line)
        }
        function getXMLHttpRequest() {        //创建 XMLHttpRequest 对象
            var xhr
            if (window.XMLHttpRequest) {      //Edge、Firefox、Chrome、Safari 以及 Opera 等
                xhr = new XMLHttpRequest()
```

```
            }
        if (xhr)
                return xhr
        else
                return false                }
    function doAjaxRequest() {
        var xhr = getXMLHttpRequest()   //创建 XMLHttpRequest 对象
        if (!xhr) {
                alert('你使用的浏览器不支持 AJAX，请使用 Edge、Firefox、Chrome 等最新版本浏览器')
                return                }
        xhr.onreadystatechange = function () {
            node = document.createElement('div')
            node.textContent = 'readyState = ' + xhr.readyState + ' status = ' + xhr.status
            myDiv.appendChild(node)
            if (xhr.readyState == 4 && xhr.status == 200) {
                node = document.createElement('div')
                node.textContent = '响应结果 = ' + xhr.responseText
                myDiv.appendChild(node)
                node = document.createElement('div')
                node.textContent = '响应头：' + xhr.getAllResponseHeaders()
                myDiv.appendChild(node)
            }
        }
        xhr.open("GET", "ajaxtext.txt")
        xhr.send()
    }
    </script>
</body>
</html>
```

（3）修改 server.js，添加请求处理代码。

```
let http = require('http')
let fs = require('fs')
let url = require('url')
let path = require('path')
let mime = {//预设 URL 请求文件的 MIME 类型
    'html': 'text/html','css': 'text/css','jpg': 'image/jpg', 'png': 'image/png','ico': 'image/x-ico',
    'js': 'text/javascript','txt': 'image/plain'}
http.createServer(function (request, response) {                          // 创建服务器
    try {
        let pathname = url.parse(request.url).pathname                    //解析 URL
        pathname = decodeURI(pathname)                                    //路径解码，避免中文乱码
        console.log("请求路径: " + request.url)
        let extName = path.extname(pathname).substring(1).toLowerCase() //获得文件扩展名
        let contentType = mime[extName]                                  //获得请求文件的 MIME 类型
        //假设服务器端需要使用 JavaScript 脚本进行处理的请求，其请求路径以 ".do" 结束
        //非.do 结束的请求包含.html、.jpg、.js 等静态文件，此类文件请求直接从物理路径获取文件内容，返回客户端
        if (!pathname.endsWith('.do')) {
            //处理非.do 请求，读取从文件系统中读取请求的文件，返回客户端
            try {
```

```
                response.writeHead(200, { 'Content-Type': contentType })        //写文件头
                let content = fs.readFileSync(pathname.substring(1), 'binary')   //读取文件内容
                response.write(content, 'binary')                               //将文件内容写入响应
                response.end()                                                   // 发送响应数据
            } catch (e) {
                // HTTP 状态码：404：请求的 URL 找不到对应文件时，返回 404 错误，显示标准错误页面
                response.writeHead(404, { 'Content-Type': 'text/html' })
                response.end()
            }
        } else {//处理请求 URL 以.do 结尾的请求，进行各种服务器端处理
        }
    } catch (e) {console.log('出错了：' + e) }
}).listen(3000)                                                   //运行服务器，并监听端口
console.log('Node.js 服务器运行于：http://127.0.0.1:3000');        //在终端输出监测信息
```

（4）在系统命令窗口中重新运行 server.js，然后在浏览器中访问 http://localhost:3000/
test12-2.html，如图 12-14 所示。单击"发起 AJAX 请求"按钮，页面中可输出 readyState、
status 属性变化，以及响应结果和响应头。

图 12-14　获取 AJAX 请求状态和响应结果

12.1.6　处理普通文本响应结果

XMLHttpRequest 对象的 responseText 属性用于获得普通文本响应结果。
在服务器端，响应内容通常使用脚本动态生成。

处理普通文本响
应结果

【例 12-3】 采用 GET 方式向服务器提交学生学号，返回其姓名、班级、年
龄等信息。源文件：12\test12-3.html、server.js。

具体操作步骤如下。

（1）在 VS Code 中选择"文件\新建文本文件"命令，新建一个文本文件。

（2）单击"选择语言"选项，打开语言列表。在语言列表中单击"HTML"，将语言设置为 HTML。

（3）在编辑器中输入如下代码。

```html
<html>
<head> <meta charset="utf-8" /></head>
<body>
    请输入学号: <input id="sno" oninput="doAjaxRequest()" /><div id="myDiv"></div>
    <script>
        var myDiv = document.getElementById("myDiv")
        var sno = document.getElementById('sno')
        function doAjaxRequest() {
            //检验输入是否为 8 位数字字符串
```

```
                var no = sno.value
                var vno = parseInt(no)
                if ((vno % 1 != 0 && (vno + '') != no) || no.length != 8) {
                        myDiv.innerHTML = "<font color=red>输入无效</font>"
                        return
                }
                var xhr = getXMLHttpRequest()    //创建 XMLHttpRequest 对象
                if (!xhr) {
                        alert('你使用的浏览器不支持 AJAX，请使用 Edge、Firefox、Chrome 等最新版本浏览器')
                        return
                }
                xhr.onreadystatechange = function () {
                    if (xhr.readyState == 4 && xhr.status == 200)
                        myDiv.innerHTML = xhr.responseText
                }
                xhr.open("GET", "/test12-3.do?kword="+no)
                xhr.send()
            }
            window.onerror = function (msg, url, line) {      //处理脚本错误
                alert('出错了：\n 错误信息：' + msg + '\n 错误文档：' + url + '\n 出错位置：' + line)
            }
            function getXMLHttpRequest() {//创建 XMLHttpRequest 对象
                …
            }
        </script>
    </body>
</html>
```

（4）按【Ctrl+S】组合键保存文件，文件名为 test12-3.html。

（5）修改 server.js，添加"/test12-3.do"请求处理，代码如下。

```
    …
    } else {
            //处理请求 URL 以.do 结尾的请求，进行各种服务器端处理
            //准备数据，实际应用中，这些数据可存储于数据库中
            let data = [{ no: '20170001', cn: "高一、8 班", name: "李雷雷", age: 15 },
                        { no: '20170002', cn: '高一、5 班', name: '张梅梅', age: 14 },
                        { no: '20170003', cn: '高一、6 班', name: '王大雷', age: 16 },
                        { no: '20170004', cn: '高一、1 班', name: '李三思', age: 15 }]
            let query = url.parse(request.url, true).query         //解析 URL 路径获得请求参数
            let i = 0
            switch (pathname) {                        //实现路由
                case '/test12-3.do':                   //处理例 12-3 请求
                    for (; i < data.length; i++) //遍历预设数据数组，查找是否存在请求参数对应的学号
                        if (data[i].no == query["kword"]) break
                    if (i == data.length)
                        response.write("无该学号！")
                    else {
                        response.write('<b>班级: </b>' + data[i].cn + '<br>' + '<b>姓名: </b>'
                            + data[i].name + '<br>' + '<b>年龄: </b>' + data[i].age)
                    }
```

```
                    response.end()
                    break
            case '……':
                //其他请求
            }
        }
    …
```

（6）保存 server.js 后重新运行该文件，启动服务器。

脚本在输入框<input>的 input 事件中调用 doAjaxRequest()函数，即在用户输入的过程中调用该函数，检查输入是否为 8 位数字字符串。如果不是则显示提示信息，不执行服务器请求。如果是，则发起 AJAX 请求，将输入的数据发送给服务器。服务器根据接收到的数据，在数组中查询是否有匹配的学号。如果有，则将学生信息写入响应；如果无，则在响应中写入无学号提示信息。

在浏览器中访问 http://localhost:3000/test12-3.html，如图 12-15 所示。输入任意数据，当数据不是 8 位数字时，输入框下方显示提示信息，如图 12-16 所示。

图 12-15　初始页面

图 12-16　输入无效提示

输入一个 8 位的数字，如 12345678。此时输入符合要求，输入框下方会显示无学号提示信息，如图 12-17 所示。输入 20170001，输入框下方显示该学生的班级、姓名和年龄信息，如图 12-18 所示。

图 12-17　无学号提示

图 12-18　显示正确学号的学生信息

12.1.7　处理 XML 响应结果

responseXML 属性返回包含响应结果的 XML 对象，进一步使用 XML DOM 解析即可获得具体数据。XML DOM 与 HTML DOM 类似，限于篇幅，本书不再详细介绍 XML DOM。

处理 XML 响应
结果

【例 12-4】　修改例 12-3，以 XML 文档格式返回响应结果，将其转换为字符串显示在页面中。源文件：12\test12-4.html、server.js。

server.js 在服务器端处理 HTTP 请求，返回 XML 文档内容，相关代码如下。

```
…
switch (pathname) {                          //实现路由
            …
        case '/test12-4.do':                 //处理例 12-4 请求
            for (; i < data.length; i++)//遍历预设数据数组，查找是否存在请求参数对应的学号
                if (data[i].no == query["kword"]) break
```

```
                    if (i == data.length)
                        response.write("无该学号! ")
                    else {
                        response.ContentType = "text/xml;charset=UTF-8"
                        response.write('<root><class>' + data[i].cn + '</class><name>'
                            + data[i].name + '</name><age>' + data[i].age + '</age></root>')
                    }
                    response.end()
                    break
            }
...
```

test12-4.html 在浏览器中接收用户输入，发起 HTTP 请求，处理响应结果，代码如下。

```html
<html>
<head> <meta charset="utf-8" /></head>
<body>
    请输入学号: <input id="sno" oninput="doAjaxRequest()" /> <div id="myDiv"></div>
    <script>
        var myDiv = document.getElementById("myDiv")
        var sno = document.getElementById('sno')
        function doAjaxRequest() {
            //检验输入是否为8位数字字符串
            var no = sno.value
            var vno = parseInt(no)
            if ((vno % 1 != 0 && (vno + '') != no) || no.length != 8) {
                myDiv.innerHTML = "<font color=red>输入无效</font>"
                return
            }
            var xhr = getXMLHttpRequest()   //创建 XMLHttpRequest 对象
            if (!xhr) {
                alert('你使用的浏览器不支持 AJAX，请使用 Edge、Firefox、Chrome 等最新版本浏览器')
                return
            }
            xhr.onreadystatechange = function () {
                if (xhr.readyState == 4 && xhr.status == 200) {   //处理响应结果
                    myDiv.innerText = (new XMLSerializer()).serializeToString(xhr.responseXML )
                }
            }
            xhr.open("GET", "/test12-4.do?kword=" + no)
            xhr.send()
        }
        window.onerror = function (msg, url, line) {   //处理脚本错误
            alert('出错了: \n 错误信息: ' + msg + '\n 错误文档: ' + url + '\n 出错位置: ' + line)
        }
        function getXMLHttpRequest() {   //创建 XMLHttpRequest 对象
            ...
        }
    </script>
</body>
</html>
```

在浏览器中访问 http://localhost:3000/test12-4.html，运行结果如图 12-19 所示。

图 12-19　显示返回的 XML 字符串

处理 JSON 响应
结果

12.1.8　处理 JSON 响应结果

JSON 字符串在 JavaScript 中可直接转换为对象。下面是一个 JSON 字符串。

```
{class:"高一、8 班",name:"李雷雷",age:15}
```

{}表示对象常量，eval()函数可将 JSON 字符串转换为对象。

```
var a = eval('({class:"高一、8 班",name:"李雷雷",age:15})')
```

执行该语句后，a.class、a.name、a.age 分别为对象的 3 个属性。

在服务器脚本中，可将响应内容构造为 JSON 字符串返回。

【例 12-5】修改例 12-3，以 JSON 字符串返回响应结果。源文件：12\test12-5.html、server.js。
server.js 在服务器端返回 JSON 字符串形式的响应结果，代码如下。

```
...
            switch (pathname) {                           //实现路由
                case '/test12-5.do':                      //处理例 12-5 请求
                    for (; i < data.length; i++)
                        if (data[i].no == query["kword"]) break
                    if (i == data.length)
                        response.write("无该学号！")
                    else {
                        response.write('{class:"' + data[i].cn + '",name:"'
                            + data[i].name + '",age:' + data[i].age + '}')
                    }
                    response.end()
                    break
            }
...
```

test12-5.html 在浏览器中接收用户输入，发起 HTTP 请求，处理响应结果，代码如下。

```
<html>
<head><meta charset="utf-8" /></head>
<body>
    请输入学号：<input id="sno" oninput="doAjaxRequest()" /><div id="myDiv"></div>
    <script>
        var myDiv = document.getElementById("myDiv")
        var sno = document.getElementById('sno')
        function doAjaxRequest() {                        //检验输入是否为 8 位数字字符串
            var no = sno.value
            var vno = parseInt(no)
```

```
            if ((vno % 1 != 0 && (vno + '') != no) || no.length != 8) {
                    myDiv.innerHTML = "<font color=red>输入无效</font>"
                    return
            }
            var xhr = getXMLHttpRequest()                          //创建 XMLHttpRequest 对象
            if (!xhr) {
                    alert('你使用的浏览器不支持 AJAX，请使用 Edge、Firefox、Chrome 等最新版本浏览器')
                    return
            }
            xhr.onreadystatechange = function () {
                if (xhr.readyState == 4 && xhr.status == 200) {      //处理响应结果
                    myDiv.innerText =  xhr.responseText
                }
            }
            xhr.open("POST", "test12-5.do?kword=" + no)
            xhr.send()
        }
        window.onerror = function (msg, url, line) {                //处理脚本错误
            alert('出错了：\n 错误信息：' + msg + '\n 错误文档：' + url + '\n 出错位置：' + line)
        }
        function getXMLHttpRequest() {                    //创建 XMLHttpRequest 对象
        ...
        }
    </script>
</body>
</html>
```

在浏览器中访问 http://localhost:3000/test12-5.html，运行结果如图 12-20 所示。

图 12-20　显示返回的 JSON 字符串

使用<script>完成
HTTP 请求

12.2　使用<script>完成 HTTP 请求

　　<script>标记可向服务器提交 HTTP 请求，其原理为，将一个新的<script>标记插入页面中时，若其 src 属性设置为 URL，浏览器会向服务器发送该 URL 的请求。这种方式发起的 HTTP 请求是同步执行的——等同于用 XMLHttpRequest 对象执行同步请求，用户必须等待响应返回，所以适用于耗时较小的操作。

　　服务器返回结果应包含一个函数调用表达式，JavaScript 执行函数来处理返回结果。例如，下面的服务器脚本输出返回结果。

```
Response.Write('getInfo('+rs+')')
```

　　getInfo()为客户端脚本中定义的函数。rs 为返回给客户端的数据，它作为 getInfo()函数的参数。响应结果返回到客户端时，等同于通过<script>标记来调用 getInfo()函数。

要使用<script>完成 HTTP 请求，需要使用脚本向当前页面添加一个<script>标记，并定义处理响应结果的函数。

【例 12-6】 修改例 12-3，使用<script>完成 HTTP 请求。源文件：12\test12-6.html、server.js。服务器端脚本 server.js 将响应数据封装为函数调用返回客户端，代码如下。

```
...
        switch (pathname) {                                      //实现路由
                case '/test12-6.do':                             //处理例 12-6 请求
                        for (; i < data.length; i++)
                                if (data[i].no == query["kword"]) break
                        if (i == data.length)
                                response.write('getInfo("无该学号! ")')
                        else {
                                let s='学号:' + data[i].cn + ',姓名:'+ data[i].name + ',年龄:' + data[i].age
                                response.write('getInfo("'+s+'")')
                        }
                        response.end()
                        break
                }
...
```

test12-6.html 在客户端通过脚本向页面添加一个<script>标记来请求 test12-6.do，并处理响应结果，代码如下。

```
<html><head><meta charset="utf-8" /></head>
<body>
    请输入学号: <input id="sno" oninput="doAjaxRequest()" /> <div id="myDiv"></div>
    <script>
        var myDiv = document.getElementById("myDiv")
        var sno = document.getElementById('sno')
        function doAjaxRequest() {
            //检验输入是否为 8 位数字字符串
            var no = sno.value
            var vno = parseInt(no)
            if ((vno % 1 != 0 && (vno + '') != no) || no.length != 8) {
                    myDiv.innerHTML = "<font color=red>输入无效</font>"
                    return
            }
            var script = document.createElement('script')        //创建<script>标记
            script.id = "getData"
            script.src = "/test12-6.do?kword=" + no               //设置请求的 URL
            document.body.appendChild(script)                     //将<script>标记添加到页面中
        }
        function getInfo(x) {
            myDiv.innerText = x                                   //显示结果
            var script = document.getElementById('getData')
            script.parentNode.removeChild(script)                 //删除<script>标记
        }
    </script>
</body></html>
```

243

在浏览器中访问 http://localhost:3000/test12-6.html，运行结果如图 12-21 所示。

图 12-21　显示返回的字符串

12.3　使用 jQuery 加载服务器数据

jQuery 提供的 load()方法可通过 AJAX 请求来获取服务器数据，并将其显示在当前页面元素中。

加载简单数据

12.3.1　加载简单数据

load()方法最简单的用法是直接将服务器返回数据加载到页面元素中，其基本语法格式如下。

```
$(选择器).load(url)
```

其中，$(选择器)匹配的页面元素用于显示服务器返回的数据。url 为请求的服务器资源的 URL，返回的数据通常为 HTML 格式的文本。

【例 12-7】从服务器加载简单数据。源文件：12\test12-7.html、test12-7data.txt、server.js。test12-7data.txt 是一个文本文件，包含一段 HTML 代码，代码如下。

```
<h2>jQuery AJAX load()方法载入的数据</h2>
<b>jQuery AJAX so easy</b>
```

test12-7.html 使用 load()方法请求 test12-7data.txt，将其内容显示在页面的两个<div>元素中，代码如下。

```html
<html>
<head>
    <meta charset="utf-8" />
    <script src="jquery-3.7.1.min.js"></script>
</head>
<body>
    <button id="btn1">载入数据</button>
    <div></div><div></div>
    <script>
        $(function () {
            $('#btn1').click(function () { $('div').load('/test12-7data.txt')})
        })
    </script>
</body>
</html>
```

load()方法请求的“/text12-7data.txt”不是以“.do”字符结束，在 12.1.4 小节例 12-2 中，已在 server.js 中添加了统一处理代码，直接返回文件内容。

在浏览器中访问 http://localhost:3000/test12-7.html，如图 12-22 所示。单击"载入数据"按钮后，因为"$('div')"匹配两个\<div\>元素，所以 load()方法将 AJAX 请求返回的数据分别显示在这两个元素中。

图 12-22 加载简单数据

12.3.2 筛选加载的数据

筛选加载的数据

jQuery 允许对 load()方法返回的数据应用选择器，基本语法格式如下。

```
$(选择器).load("url 选择器")
```

【例 12-8】 筛选加载的数据。源文件：12\test12-8.html、test12-8data.txt, server.js。test12-8data.txt 代码如下。

```
<div>jQuery 教程</div>
<span>apple</span>
<div>JavaScript 教程</div>
<span>pear</span>
```

test12-8.html 在 load()方法中应用筛选器，将 test12-8data.txt 中的两个\<div\>元素加载到当前页面中，代码如下。

```
<html>
<head>
    <meta charset="utf-8" /><script src="jquery-3.7.1.min.js"></script>
</head>
<body>
    <button id="btn1">载入数据</button><div></div>
    <script>
        $(function () {
            $('#btn1').click(function () { $('div').load('/test12-8data.txt div')})
        })
    </script>
</body>
</html>
```

在浏览器中访问 http://localhost:3000/test12-8.html，结果如图 12-23 所示。

图 12-23 筛选加载的数据

12.3.3 向服务器提交数据

向服务器提交
数据

可在 load()方法的第 2 个参数中指定提交给服务器的数据，其基本语法格式
如下。

```
$(选择器).load(url,data)
```

其中，参数 data 为提交的数据，可以是对象或字符串。包含提交的数据时，load()方法采用 POST 方式发起 AJAX 请求。

在本章前面的所有实例中，采用的均为 GET 方式。GET 方式的 HTTP 请求，客户端提交的数据包含在 URL 中，所以在服务器端需解析 URL，以获得其中的客户端数据。

POST 方式的 HTTP 请求，客户端提交的数据包含在请求体中。Node.js 接收到客户端采用 POST 方式提交的数据时，触发 request 的 data 事件，可在事件处理函数中接收客户端数据。客户端数据接收完成后，触发 request 的 end 事件，可在事件处理处理函数中处理接收到的数据，向客户端返回响应。

【例 12-9】 向服务器提交数据。源文件：12\test12-9.html、server.js。

server.js 在服务器端处理客户端提交的数据，并返回处理结果，代码如下。

```
...
        // 处理 POST 方式请求，定义了一个 post 变量，用于暂存请求体的信息
        let post = '';
        // 通过 request 的 data 事件监听函数，将接收到的请求体数据保存到 post 变量
        request.on('data', function (chunk) {
            post += chunk;
        });
        // 客户端 POST 请求数据上传完成时，触发 end 事件
        //通过 Object.fromEntries()将 post 解析为真正的 POST 请求格式，然后向客户端返回
        request.on('end', function () {
            //data 事件中接收到的 POST 数据基本格式为：变量名 1=数据 1&变量名 2=数据 2。需要转换才方便使用
            let body = Object.fromEntries(new URLSearchParams(post)) //将 POST 数据转换为对象
            switch (pathname) {                            //实现路由
                case '/test12-9.do':                       //处理例 12-9 请求
                    response.write("你 POST 的数据是: " + body["data"])
                    response.end()
                    break
            }
        });
    ...
```

test12-9.html 请求"/test12-9.do"并提交数据，代码如下。

```
<html>
<head>
    <meta charset="utf-8" /><script src="jquery-3.7.1.min.js"></script>
</head>
<body>
    <button id="btn1">载入数据</button><div></div>
    <script>
```

```
        $(function () {
            $('#btn1').click(function () {
                $('div').load('/test12-9.do',{data:'jQuery AJAX'})
            })
        })
    </script>
</body>
</html>
```

在浏览器中访问 http://localhost:3000/test12-9.html，结果如图 12-24 所示。

图 12-24   向服务器提交数据

12.3.4　指定回调函数

可为 load()方法指定一个回调函数，该函数在 AJAX 请求返回数据且数据已经显示到当前页面后执行。基本语法格式如下。

```
$(选择器).load(url[,data][,callback])
```

指定回调函数

其中，callback 为回调函数名称，也可是一个匿名函数。

【例 12-10】　在 load()方法中使用回调函数。源文件：12\test12-10.html、server.js。

test12-10.html 请求"/test12-9.do"，采用与例 12-9 相同的请求处理代码。test12-10.html 代码如下。

```
<html>
<head>
    <meta charset="utf-8" /><script src="jquery-3.7.1.min.js"></script>
</head>
<body>
    <button id="btn1">载入数据</button><div></div>
    <script>
        $(function () {
            $('#btn1').click(function () {
                $('div').load('/test12-9.do', { data: 'test12-10' },
                    function (text, code, xhr) {
                        msg ='状态码: ' + xhr.status + ',  状态: ' + code+', 响应文本: ' + text
                        $('div').text(msg)
                    })
            })
        })
    </script>
</body>
```

在浏览器中访问 http://localhost:3000/test12-10.html，结果如图 12-25 所示。在单击"载入数据"按钮后，页面中显示 AJAX 请求的详细信息。

图 12-25　在 load() 方法中使用回调函数

执行脚本

12.3.5　执行脚本

load()方法返回的数据可以包含脚本，脚本作为数据的一部分加载到当前页面元素中，然后将被执行。

【例 12-11】 执行来自服务器的脚本。源文件：12\test12-11.html、server.js。test12-11-2.html 作为服务器端被请求加载的文件，代码如下。

```
<h3>包含脚本的 HTML</h3>
<div>jQuery Ajax</div>
<script>
    $(function () { $('div').css('border','1px solid red') })
</script>
```

test12-11.html 使用 load()方法请求加载 test12-11-2.html，代码如下。

```
<html>
<head>
    <meta charset="utf-8" />
    <script src="jquery-3.7.1.min.js"></script>
</head>
<body>
    <button id="btn1">载入数据</button>
    <div></div>
    <script>
        $(function () { $('#btn1').click(function () { $('div').load('/test12-11-2.html') }) })
    </script>
</body>
</html>
```

在浏览器中访问 http://localhost:3000/test12-11.html，结果如图 12-26（a）所示。从运行结果可以看出，从 test12-11-2.html 中加载的脚本也被执行了，为页面中的<div>元素设置了边框样式。

（a）无选择器，脚本执行后的结果　　　　　（b）有选择器，脚本未执行的结果

图 12-26　执行来自服务器的脚本

修改 test12-11.html 中的 load()方法，在 url 中添加选择器，代码如下。

```
$('div').load('test12-11-2.html h3')
```

修改后的 test12-11.html 在浏览器中的运行结果如图 12-26（b）所示。从结果可以看出，
test12-11-2.html 中的脚本没有执行，这是因为选择器匹配的目标元素没有包含脚本。

12.4　jQuery 的 get()方法和 post()方法

客户端向服务器端发起请求通常采用 GET 或 POST 方式。在使用 load()方法发起 AJAX 请求
时，如果参数包含了向服务器提交的数据，则采用 POST 方式，否则采用 GET 方式。jQuery 对
象的 get()方法用于采用 GET 方式发起 AJAX 请求，post()方法用于采用 POST
方式发起 AJAX 请求。

12.4.1　get()方法

get()方法基本语法格式如下。

get()方法

```
jQuery.get( url [, data ] [, success ] [, dataType ] )
jQuery.get( {url:请求 url [, data:提交的数据 ] [, success:回调函数 ] [, dataType:返回数据的类型 ]})
```

其中，参数 url 为请求的服务器资源的 URL。参数 data 为对象或字符串，包含向服务器提交
的数据。参数 success 为 AJAX 请求成功完成时调用的回调函数。参数 dataType 为服务器返回
数据的数据类型，通常 jQuery 可自动决定数据类型。常用的数据类型有 xml、json、script、text
或 html 等。

get()方法的参数 url 是必需的，其他参数均可省略。load()方法类似于 get(url, data, success)。

get()方法返回的数据通常在 success 参数指定的回调函数中进行处理。回调函数的 3 个参数
依次为封装了返回数据的对象、表示 AJAX 请求完成状态的字符串（通常为 success）和执行当前
AJAX 请求的 XMLHttpRequest 对象。

【例 12-12】 使用 get()方法执行 AJAX 请求。源文件：12\test12-12.html、server.js。

test12-12.html 以 GET 方式请求 "test12-12.do"，代码如下。

```html
<html>
<head>
    <meta charset="utf-8" /> <script src="jquery-3.7.1.min.js"></script>
</head>
<body>
    <button id="btn1">载入数据</button> <div></div>
    <script>
        $(function () {
            $('#btn1').click(function () {
                $.get('/test12-12.do', {data:'实例 test12-12'}, function (data, status, xhr) {
                    msg = '状态码: ' + xhr.status + '   状态: ' + status + '  响应数据: ' + data
                    $('div').text(msg)
                })
            })
        })
    </script>
```

```
</body></html>
```

本例以 GET 方式请求"/test12-12.do"，需要在 server.js 中添加对应的处理代码，如下所示。

```
...
    switch (pathname) {                              //实现路由
                 ...
             case '/test12-12.do':                   //处理例 12-12 请求
                 response.write("你 GET 的数据是: " + query["data"])
                 response.end()
                 break
         }
...
```

在浏览器中访问 http://localhost:3000/test12-12.html，结果如图 12-27 所示。

图 12-27　使用 get()方法执行 AJAX 请求

post()方法

12.4.2　post()方法

post()方法的基本语法格式如下。

```
jQuery.post( url [, data ] [, success ] [, dataType ] )
jQuery.post( {url:请求 url [, data:提交的数据 ] [, success:回调函数 ] [, dataType:返回数据的类型 ]})
```

各参数含义与 get()方法参数相同。

【例 12-13】　使用 post()方法执行 AJAX 请求。源文件：12\test12-13.html、server.js。

```
<html>
<head>
    <meta charset="utf-8" /><script src="jquery-3.7.1.min.js"></script>
</head>
<body>
    <button id="btn1">载入数据</button><div></div>
    <script>
        $(function () {
            $('#btn1').click(function () {
                $.post('/test12-9.do', {data:'实例 test12-13'}, function (data, status, xhr) {
                    msg = '状态码: ' + xhr.status + '    状态: ' + status + '  响应数据: ' + data
                    $('div').text(msg)
                })
            })
        })
    </script>
</body>
</html>
```

在浏览器中访问 http://localhost:3000/test12-13.html，结果如图 12-28 所示。

图 12-28　使用 post() 方法执行 AJAX 请求

12.5 获取 JSON 数据

获取 JSON 数据

getJSON() 方法用于从服务器返回 JSON 格式的数据，其基本语法格式如下。

```
jQuery.getJSON( url [, data ] [, success ])
```

其中，参数 url 为请求的服务器资源的 URL。参数 data 为对象或字符串，包含向服务器提交的数据。参数 success 为 AJAX 请求成功完成时调用的回调函数。回调函数的 3 个参数依次为封装了 JSON 数据的对象、表示 AJAX 请求完成状态的字符串（通常为 success）和执行当前 AJAX 请求的 XMLHttpRequest 对象。

【例 12-14】 获取服务器端的 JSON 数据。源文件：12\test12-14.html、server.js。

服务器端的 server.js 向客户端写入一个 JSON 数据，代码如下。

```
...
    switch (pathname) {                              //实现路由
            ...
            case '/test12-14.do':                   //处理例 12-14 请求
                response.write('{"name":"韩梅梅","sex":"女","age":20}')
                response.end()
                break
    }
...
```

test12-14.html 请求 test12-14json.do，并将返回的 JSON 数据显示在页面中，代码如下。

```
<html>
<head>
    <meta charset="utf-8" /><script src="jquery-3.7.1.min.js"></script>
</head>
<body>
    <button id="btn1">载入数据</button><div></div>
    <script>
        $(function () {
            $('#btn1').click(function () {
                $.getJSON('/test12-14json.do', function (data) {
                    msg=''
                    $.each(data, function (key, val) {msg +=key+': '+val+'<br>' })
                    $('div').html(msg)
                })
            })
        })
        $(document).ajaxError(function (event, jqXHR, ajaxSettings, thrownError) {
```

```
            alert('出错了: ' + thrownError)//出错时显示错误信息
        })
    </script>
</body>
</html>
```

在浏览器中访问 http://localhost:3000/test12-14.html，结果如图 12-29 所示。

图 12-29　获取服务器端的 JSON 数据

本例中，在服务器端使用脚本 test12-14json.do 动态生成 JSON 数据。getJSON()方法也可请求服务器端静态的 JSON 数据文件。例如，JSON 数据文件 test12-14json.txt 代码如下。

```
{ "name": "韩梅梅", "sex": "女", "age": 20}
```

将 test12-14.html 代码中 getJSON()方法的 url 参数修改为 "/test12-14json.txt"，即可请求 JSON 数据文件，运行结果不变。

12.6　获取脚本

获取脚本

getScript ()方法用于请求服务器端的 JavaScript 脚本文件，其基本语法格式如下。

```
jQuery.getScript( url [, success ])
```

其中，参数 url 为请求的服务器资源的 URL。参数 success 为 AJAX 请求成功完成时调用的回调函数。回调函数的 3 个参数依次为包含脚本代码的字符串、表示 AJAX 请求完成状态的字符串（通常为 success）和执行当前 AJAX 请求的 XMLHttpRequest 对象。

【例 12-15】　获取服务器端的脚本。源文件：12\test12-15.html、test12-15.js、server.js。

服务器端的脚本 test12-15.js 使页面中的<div>元素在页面中左右移动，server.js 将其作为静态文件处理。test12-15.js 代码如下。

```
$(function () { run() })
function run() {
    $('div').animate({ left: "+=200px" }, 2000)
        .delay(1000)
        .animate({ left: "-=200px" }, 2000)
    run()//循环动画
}
```

test12-15.html 加载 test12-15.js，test12-15.html 代码如下。

```
<html>
<head>
    <meta charset="utf-8" /><script src="jquery-3.7.1.min.js"></script>
</head>
<body>
```

```
<button id="btn1">载入脚本</button>
<div style="width:100px;height:60px;background-color:blue;position:absolute"></div>
<script>
    $(function () {
        $('#btn1').click(function () {
            $.getScript('/test12-15.js', function () { alert('脚本加载完毕! ') })
        })
    })
</script>
</body>
</html>
```

在浏览器中访问 http://localhost:3000/test12-15.html，结果如图 12-30 所示。单击"载入脚本"按钮后，成功加载脚本时，显示提示对话框。关闭对话框之后开始执行脚本，页面中的<div>元素开始左右移动。

图 12-30 获取服务器端的脚本

12.7 事件处理

jQuery 在处理 AJAX 请求时，会产生一系列 AJAX 事件，可为这些事件注册事件处理函数，在 AJAX 事件发生时执行相应的处理操作。

12.7.1 AJAX 事件

jQuery 定义的 AJAX 事件可分为两种类型：本地事件和全局事件。本地 AJAX 事件指执行 AJAX 请求的 XMLHttpRequest 对象所发生的事件。全局 AJAX 事件指在执行 AJAX 请求时 Document 对象发生的事件，对当前页面中执行的所有 AJAX 请求均有效。

jQuery 定义的 AJAX 事件如下。

- ajaxStart：全局事件，在开始一个 AJAX 请求时会发生该事件。
- beforeSend：本地事件，在开始一个 AJAX 请求之前发生该事件，此时，允许修改 XMLHttpRequest 对象（如添加 HTTP 请求头参数等）。
- ajaxSend：全局事件，在开始一个 AJAX 请求之前发生该事件。
- succes：本地事件，在 AJAX 请求成功完成时发生该事件。
- ajaxSuccess：全局事件，在 AJAX 请求成功完成时发生该事件。
- error：本地事件，在 AJAX 请求执行过程中出现错误时发生该事件。
- ajaxError：全局事件，在 AJAX 请求执行过程中出现错误时发生该事件。
- complete：本地事件，在 AJAX 请求结束时发生该事件。
- ajaxComplete：全局事件，在 AJAX 请求结束时发生该事件。

- ajaxStop：全局事件，在当前页面中，所有的 AJAX 请求结束时发生该事件。

12.7.2 全局 AJAX 事件方法

全局 AJAX 事件
方法

jQuery 定义了几个全局 AJAX 事件方法，用于注册全局 AJAX 事件处理函数。jQuery 中的全局 AJAX 事件方法如下。

- ajaxComplete(handler)：注册 ajaxComplete 事件处理函数，处理函数原型为 Function (Event event, jqXHR jqXHR, PlainObject ajaxOptions)。其中，event 为事件对象，jqXHR 为执行当前 AJAX 请求的 XMLHttpRequest 对象，ajaxOptions 对象包含 AJAX 请求的相关参数。
- ajaxError(handler)：注册 ajaxError 事件处理函数，处理函数原型为 Function(Event event,jqXHR jqXHR,PlainObject ajaxOptions, String thrownError)。其中，thrownError 为包含错误描述信息的字符串，其他参数含义与 ajaxComplete 事件处理函数参数相同。
- ajaxSend(handler)：注册 ajaxSend 事件处理函数，处理函数原型为 Function(Event event,jqXHR jqXHR,PlainObject ajaxOptions)，参数含义与 ajaxComplete 事件处理函数参数相同。
- ajaxStart(handler)：注册 ajaxStart 事件处理函数，处理函数无参数。
- ajaxStop(handler)：注册 ajaxStop 事件处理函数，处理函数无参数。
- ajaxSuccess(handler)：注册 ajaxSuccess 事件处理函数，处理函数原型为 Function (Event event, jqXHR jqXHR, PlainObject ajaxOptions, PlainObject data)。其中，data 对象包含服务器返回的数据，其他参数含义与 ajaxComplete 事件处理函数参数相同。

其中，handler 为函数名称或者是一个匿名函数。

【例 12-16】 使用全局 AJAX 事件方法。源文件：12\test12-16.html、server.js。test12-16.html 请求 "/test12-12.do"，并记录 AJAX 事件，代码如下。

```html
<html>
<head>
    <meta charset="utf-8" /><script src="jquery-3.7.1.min.js"></script>
</head>
<body>
    <button id="btn1">载入数据</button><div id="data"></div><div id="log"></div>
    <script>
        $(function () {
            $('#btn1').click(function () {
                $.get('/test12-12.do', { data: '实例 test12-16' }, function (data) {
                    $('#data').text('响应数据：' + data)
                })
            })
            $(document).ajaxStart(function () {
                $('#log').append("<div>ajaxStart: AJAX 请求已开始</div>")
            })
            $(document).ajaxSend(function () {
                $('#log').append('<div>ajaxSend: AJAX 请求已发送</div>')
            })
            $(document).ajaxSuccess(function () {
```

```
        $('#log').append('<div>ajaxSuccess: AJAX 请求成功完成</div>')
    })
    $(document).ajaxStop(function () {
        $('#log').append('<div>ajaxStop: AJAX 请求已停止</div>')
    })
    $(document).ajaxComplete(function () {
        $('#log').append('<div>ajaxComplete: AJAX 请求已结束</div>')
    })
    $(document).ajaxError(function () {
        $('#log').append('<div>ajaxError: AJAX 请求出错了</div>')
    })
})
    </script>
</body>
</html>
```

在浏览器中访问 http://localhost:3000/test12-16.html，单击"载入数据"按钮后，未发生错误时的结果如图 12-31（a）所示。将 test12-16.html 代码中 get()方法的 url 参数修改为"test12-12do"，刷新页面。单击"载入数据"按钮，此时会发生错误，结果如图 12-31（b）所示。

（a）AJAX 请求成功完成

（b）AJAX 请求出错

图 12-31　使用全局 AJAX 事件方法

12.8　编程实践：实现颜色动画

编程实践：实现
颜色动画

本节综合应用本章所学知识，实现颜色动画，如图 12-32 所示。

图 12-32　颜色动画

实现颜色动画需使用 jQuery 提供的颜色动画脚本库。

本例使用 getScript()方法加载 jQuery 官方服务器中的颜色动画脚本库，实现颜色动画。源文件：12\test12-17.html。

具体操作步骤如下。

（1）在 VS Code 中选择"文件\新建文本文件"命令，新建一个文本文件。

（2）单击"选择语言"选项，打开语言列表。在语言列表中单击"HTML"，将语言设置为 HTML。

（3）在编辑器中输入如下代码。

```html
<html>
<head>
    <meta charset="utf-8" /><script src="jquery-3.7.1.min.js"></script>
</head>
<body>
    <button id="btn1">颜色动画</button><div style="width:100px;height:60px"></div>
    <script>
        $(function () {
            $('#btn1').click(function () {
                var url = "https://code.jquery.com/color/jquery.color.js"
                $.getScript(url, function () {   //加载网络脚本，实现颜色动画
                    $('div').animate({ backgroundColor: 'red' }, 2000)
                        .delay(1000)
                        .animate({ backgroundColor: 'rgb(0,255,0)' }, 2000)
                        .delay(1000)
                        .animate({ backgroundColor: '#0000ff' }, 2000)
                })
            })
        })
        $(document).ajaxError(function (event, jqXHR, ajaxSettings, thrownError) {
            alert('出错了: '+thrownError)      //出错时显示错误信息
        })
    </script>
</body>
</html>
```

（4）按【Ctrl+S】组合键保存文件，文件名为 test12-17.html。

（5）在浏览器中访问 http://localhost:3000/test12-17.html，查看运行结果。

12.9　小结

　　本章介绍了使用 XMLHttpRequest 对象和 jQuery 实现 AJAX 操作。jQuery 提供了多种 AJAX 操作快捷方法，主要包括 load()、get()、post()、getJSON()和 getScript()等方法，调用这些方法即可完成 AJAX 请求。AJAX 在请求执行过程中，会产生各种 AJAX 事件，调用全局 AJAX 事件方法注册事件处理函数，可在发生 AJAX 事件时执行相应的处理操作。

12.10　习题

一、填空题

1. AJAX 主要涉及＿＿＿＿＿、HTML、XML 和 DOM 等客户端网页技术。

2. 使用 XMLHttpRequest 对象完成 HTTP 请求时，需要通过＿＿＿＿＿事件处理服务器返回的数据。

3. XMLHttpRequest 对象的 readystate 属性值为＿＿＿＿＿表示已成功处理 AJAX 请求。

4. XMLHttpRequest 对象调用＿＿＿＿＿方法将 HTTP 请求发送给服务器。

5. XMLHttpRequest 对象的＿＿＿＿＿属性用于获得普通文本响应结果。

6. load()方法_____向服务器提交的数据时采用 POST 方式完成 AJAX 请求。

7. jQuery 对象的_____方法用于采用 GET 方式发起 AJAX 请求。

8. jQuery 对象的_____方法用于从服务器返回 JSON 格式的数据。

9. jQuery 对象的_____方法用于请求服务器端的 JavaScript 脚本文件。

10. jQuery 在成功完成 AJAX 请求时发生的全局事件是_____。

二、操作题

1. 向服务器提交数字 1、2、3，分别返回"Java""JavaScript"和"jQuery"，提交其他数据时，返回"无效代码"。请使用 jQuery 提供的 load()方法实现。运行结果如图 12-33 所示。

图 12-33　操作题 1 运行结果

2. 向服务器提交数字 1、2、3，分别返回"Java""JavaScript"和"jQuery"，提交其他数据时，返回"无效代码"。请使用 jQuery 提供的 get()方法实现。运行结果如图 12-34 所示。

图 12-34　操作题 2 运行结果

3. 向服务器提交数字 1、2、3，分别返回"Java""JavaScript"和"jQuery"，提交其他数据时，返回"无效代码"。请使用 jQuery 提供的 post() 方法实现。运行结果如图 12-35 所示。

图 12-35　操作题 3 运行结果

4. 编写一个 HTML 文档，在页面中输入用户名时，同步检测该用户名是否已经存在，如图 12-36 所示。

图 12-36　操作题 4 运行结果

5. 编写一个 HTML 文档，在页面中显示一个随机的 5 位由大写字母、小写字母或数字组成的字符串，单击"刷新"按钮可获得新的随机字符串，如图 12-37 所示。

图 12-37　操作题 5 运行结果

第13章
在线咨询服务系统

重点知识：
- 系统设计
- 安装和使用 MySQL
- 系统实现

咨询服务系统是电子商务平台不可或缺的一部分，它为用户提供商品和售后相关的各种咨询服务。

本章综合应用本书介绍的各种知识，实现一个在线咨询服务系统。通过该实例，读者可了解 Web 应用开发的基本过程，并进一步熟悉 JavaScript 和 jQuery。

13.1 系统设计

应用程序开发过程通常包括需求分析、系统设计、系统实现、测试运行、系统发布和维护等阶段。对于小型应用程序开发，知道需要做什么和如何去做即可。

13.1.1 系统功能分析

本章实现的在线咨询服务系统主要有以下几个功能。

- 用户注册：注册平台新用户。用户注册功能主要是为了采集用户信息，如联系人姓名、联系电话、收货地址等。用户注册后，使用注册的用户名和密码登录平台。
- 用户登录：用户登录平台后，可在线咨询商品的相关问题。
- 在线咨询：用户和店铺进行在线交流。

13.1.2 开发工具选择

本章实现的在线咨询服务系统是一个典型的 Web 应用程序，开发时需要 Web 服务器、数据库服务器和编辑器等工具。

本书前面各章均在 VSCode 中完成开发，并使用 Node.js 作为 Web 服务器。

本章实例主要涉及的数据包括用户信息、店铺信息、商品信息和浏览记录等，这些数据需使用数据库进行保存。本章选择 MySQL 作为数据库服务器。

13.2 安装和使用 MySQL

本节简单介绍如何安装和使用 MySQL，在 MySQL 服务器中创建本章实例使用的数据库。

13.2.1 安装 MySQL

本章使用免费的 MySQL 社区版来搭建数据库服务器。安装程序有 Web 版和独立安装包两种。Web 版的安装程序需要通过联网下载需要的组件。独立安装包含所有组件，安装过程中不需要连接网络。

在 Windows 10 中，可使用 MySQL 安装器完成安装，具体操作步骤如下。

（1）在 MySQL 社区版下载页面中单击链接"MySQL Installer for Windows"，下载 MySQL 安装器。

（2）运行 MySQL 安装器，首先显示选择安装类型界面，如图 13-1 所示。

（3）选择"Full"安装类型，然后单击"Next"按钮，MySQL 安装器会检查需要条件，如果不满足需求条件，MySQL 安装器会进入检查安装需求界面，如图 13-2 所示。

图 13-1　选择安装类型界面

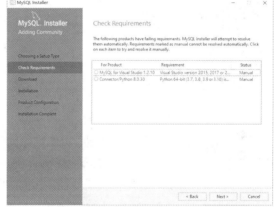

图 13-2　检查安装需求界面

（4）检查安装需求界面列出了 MySQL 组件需要先安装的相关软件，界面中显示 Visual Studio 和 Python 未安装，可另外单独安装这两个工具。单击"Next"按钮，安装程序打开提示对话框，如图 13-3 所示。

（5）单击"Yes"按钮，进入下载界面，如图 13-4 所示。

（6）下载界面列出了即将安装的 MySQL 组件，可单击"Back"按钮返回前面的界面更改安装选项。最后，

图 13-3　安装提示对话框

单击"Execute"按钮执行下载操作。Web 版安装程序需要先从 MySQL 网站下载相应的安装组件，所以安装过程中应保持网络连接。下载完成后的界面如图 13-5 所示。

（7）单击"Next"进入产品安装界面，如图 13-6 所示。单击"Execute"按钮执行安装操作。

（8）安装完成后，单击界面中出现的"Next"按钮，进入产品配置界面，如图 13-7 所示。

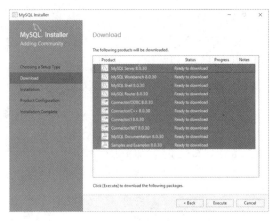

图 13-4　下载界面

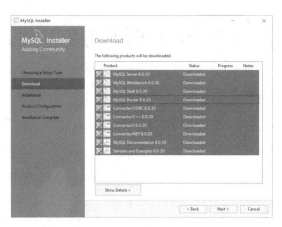

图 13-5　下载完成界面

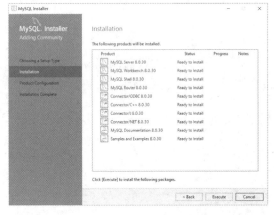

图 13-6　产品安装界面

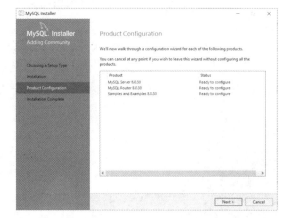

图 13-7　产品配置界面

（9）产品配置界面列出了需要配置的产品。产品配置比较简单，使用默认选择即可。需要注意，在配置 MySQL Server 时，应记住为 root 账户设置的密码，配置界面如图 13-8 所示。root 是MySQL Server 的默认管理员账户，在该页面中除了设置 root 账户密码外，还可单击"Add User"按钮，为 MySQL Server 添加其他的账户。

（10）所有设置完成后，界面如图 13-9 所示。单击"Finish"按钮结束安装。

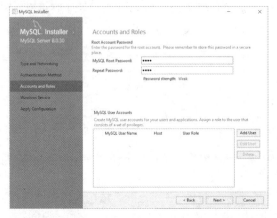

图 13-8　设置 MySQL Server root 账户密码界面

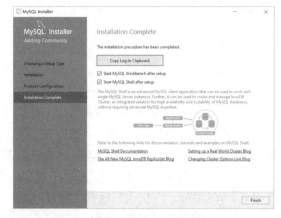

图 13-9　安装完成界面

13.2.2　管理 MySQL 服务器

管理 MySQL 服务器

MySQL 提供的 MySQL Workbench 用于管理 MySQL 服务器。在 Windows 开始菜单中选择"MySQL\MySQL Workbench 8.0 CE"命令，可启动 MySQL Workbench。

MySQL Workbench 启动后的初始界面如图 13-10 所示。MySQL Workbench 默认添加了本地 MySQL 服务器连接，单击左下角的"Local instance MySQL80"选项，可打开连接 MySQL 服务器对话框，输入密码后，单击"OK"按钮连接到服务器。

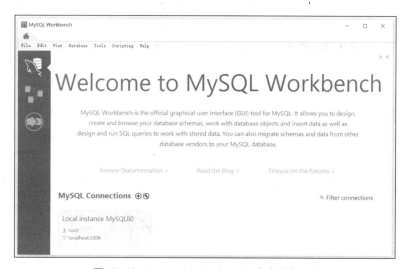

图 13-10　MySQL Workbench 启动初始界面

连接到服务器后的 MySQL Workbench 界面如图 13-11 所示。

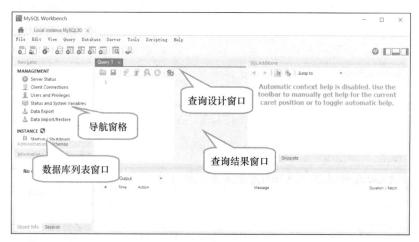

图 13-11　MySQL Workbench 界面

在 MySQL Workbench 中，执行下列操作步骤，创建本章实例需要的数据库。

（1）在导航窗格中打开 Schemas 选项卡，显示数据库列表。右键单击数据库列表窗口空白处，在快捷菜单中选择"Create Schema"命令，打开创建数据库界面，如图13-12所示。

（2）在Name文本框中输入consultdb，单击"Apply"按钮。Workbench会打开"Apply SQL Script to Database"向导，显示向导的脚本预览界面，如图13-13所示。

图13-12　创建数据库界面

图13-13　脚本预览界面

（3）在脚本预览界面中可修改准备执行的SQL语句。单击"Apply"按钮，执行SQL语句。执行结束后显示结束界面，如图13-14所示。

（4）单击"Finish"按钮完成数据库创建。

（5）在数据库列表窗口中右键单击刚创建的consultdb，在快捷菜单中选择"Set as Default Schema"命令，将consultdb设置为默认数据库。

（6）选择"Server\Data Import"命令，打开数据导入窗口，如图13-15所示。

图13-14　执行结束界面

图13-15　设置数据导入参数

（7）在"Import from Disk"选项卡中选中"Import from Self-Contained File"单选项，然后输入 MySQL 在导出数据时生成的自包含文件名，如"D:\code\13\Dump20220827.sql"。

（8）在"Import Progress"选项卡中，单击"Start Import"按钮，执行数据导入操作，如图13-16所示。

经过上述步骤，在 MySQL 中创建了一个consultdb 数据库，并在数据导入时中创建了4个表：consultrecords（保存咨询记录）、goods（保存商品数据）、shops（保存店铺信息）和 users（保存会员信息），同时为表添加了部分数据。

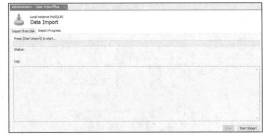

图13-16　执行数据导入

13.3　系统实现

本章实现的在线咨询服务系统主要包括用户注册、店铺注册、用户登录、商品展示、商品咨询和咨询服务等模块。每个模块由一个客户端 HTML 文档和关联的服务器端 JavaScript 脚本实现。客户端 HTML 文档通过 AJAX 操作与 Node.js 服务器完成数据交换。

系统各模块之间的关系如图 13-17 所示。

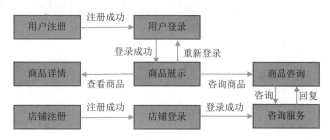

图 13-17　系统模块关系

在实际电商平台中，商品咨询和咨询服务模块共同实现在线咨询功能。在线咨询功能往往同用户/店铺注册、用户/店铺登录和商品展示等模块相关联。用户/店铺需要注册、登录后才能使用咨询功能。商品展示和商品详情模块除了显示商品信息外，还提供登录和咨询链接。本节重点介绍在线咨询（商品咨询和咨询服务）功能的实现。

13.3.1　初始化项目

初始化项目

具体操作步骤如下。

（1）在 Windows 资源管理器中创建下列项目文件夹。

- d:\consult：项目主文件夹。
- d:\consult\public：保存静态文件的文件夹，实现网站项目的 HTML 文档可保存于该文件夹。
- d:\consult\public\javascripts：保存 JavaScript 脚本文件，如 jQuery 库 jquery-3.7.1.min.js。
- d:\consult\public\images：保存各种图像文件。

（2）在 Windows"开始"菜单中选择"Windows 系统\命令提示符"命令，打开系统命令提示符窗口。

（3）在命令提示符窗口中依次执行下面的命令，完成项目文件夹创建操作。

```
d:                                //切换到 D 盘
cd consult                        //进入文件夹
npm init                          //为项目创建 package.json 文件，用于保存依赖模块等配置信息
npm install mysql --save          //在项目文件夹中安装 mysql 模块
npm install express --save        //在项目文件夹中安装 express 模块
npm install express-session --save //在项目文件夹中安装 express-session 模块
```

（4）将项目图片文件复制到 d:\consult\public\images 文件夹中，将 jQuery 库 jquery-3.7.1.min.js 复制到 d:\consult\public\javascripts 文件夹中。

（5）在 Windows 资源管理器中，用鼠标右键单击 d:\consult 文件夹，然后在快捷菜单中选择"通过 Code 打开"命令，在 VS Code 中打开项目主文件夹。

（6）在 VS Code 中创建一个 JavaScript 脚本文件，命名为 server.js，保存到项目主文件夹中。server.js 初始代码如下。

```
const express = require('express')      //导入 express 模块
```

```
const app = express()                                    //创建基于 express 模块的服务器对象
var bodyParser = require('body-parser');                 //导入 body-parser 模块，用于解析 POST 请求数据
var urlencodedParser = bodyParser.urlencoded({ extended: false })    //创建 POST 请求数据解析器
var session = require('express-session');                //导入 express-session 模块
app.use(session({       //配置会话管理设置，项目将在 session 中保存当前用户和商品的相关信息。
    resave: false,
    saveUninitialized: false,
    secret: 'cosult key'
}));
app.use(express.static('public'))                        //配置保存静态文件使用的文件夹

app.listen(3000, () => {                                 //监听端口
    console.log('Node 服务器已启动，监听端口: 3000')
})
```

server.js 用于实现所有服务器端处理操作。在系统命令提示符窗口中，进入项目主文件夹后，执行 node server.js 命令即可启动服务器。

13.3.2 实现用户登录功能

用户登录页面如图 13-18 所示。

在页面中输入用户名、密码、验证码，选择登录类型后，单击"确定"按钮提交登录信息。如果登录信息有误，在页面下方显示提示文字；登录成功后，登录类型是会员则跳转到商品展示页面，登录类型是店铺则跳转到咨询服务页面。

实现用户登录功能的具体操作步骤如下。

（1）在 VS Code 中创建一个 HTML 文档，命名为 logon.html，保存到 public 文件夹中，代码如下。

图 13-18　用户登录页面

```
<!DOCTYPE html>
<html>
<head>
    <meta charset="utf-8" />
    <title>电商平台登录</title>
    <link rel="icon" href="images/favicon.ico" type="image/x-ico"/>
    <script src="javascripts/jquery-3.7.1.min.js"></script>
    <style>
        #scode {
            /*验证码样式*/
            border-style: ridge;border-width: 1px; padding: 2px;background-color: #F5F5F5;
            font-family: Algerian; }
        input {width: 96px;border: 1px solid #707070; padding: 1px; }
        select {width: 100px;padding: 1px;border: 1px solid #707070; }
    </style>
</head>
<body>
    <center>
```

```html
      <h3>用户登录</h3>
      <table>
          <tr><td align="right">用户名: </td><td><input id="username" /></td> </tr>
          <tr><td align="right">密码: </td><td><input id="pwd" type="password" /></td></tr>
          <tr> <td align="right">类型: </td><td><select id="usertype">
                  <option value="users" selected>会员登录</option>
                  <option value="shops">店铺登录</option>
              </select> </td></tr>
          <tr><td align="right">验证码: </td><td><input id="code" /><label id="scode"></label></td>
          </tr><tr><td align="center" colspan="2"><button id="doLogon">确定</button>
              <button id="clear">重置</button><div id="result"></div>
          </td></tr>
      </table>
  </center>
<script>
    let code                                   //保存原始验证码，与用户输入的验证码比对
    $(function () {
        refreshCode()                          //初始化验证码
        $('#scode').click(function () {        //单击时刷新验证码
            refreshCode()
        })
        $('#clear').click(function () {        //重置输入
            $('#username').val('')
            $('#pwd').val('')
            $('#code').val('')
            $('#result').html('')
        })
        $('#doLogon').click(function () {
            let username = $('#username').val()
            let password = $('#pwd').val()
            let usertype = $('#usertype').val()
            let scode = $('#code').val()
            /*    在调试过程中可注释掉验证码验证功能，简化登录操作
            if (code.toLowerCase() != scode.toLowerCase()) {
                refreshCode()                                               //刷新验证码
                $('#result').html("<font color=red>验证码无效</font>")
                return
            }*/
            let data = { 'username': username, 'password': password, 'usertype': usertype }
            $.post('/checklogon', data, function (info) {
                if (info == '1') {
                    if (usertype == 'users')
                        window.location.href = 'showgoods.html'             //会员跳转页面
                    else
                        window.location.href = 'shopservice.html'           //店铺跳转页面
                } else if (info == '0')
                    $('#result').html('<font color=red>用户名或密码无效</font>')
                else
                    $('#result').html('出现未知错误，请稍后重试！')
            })
```

```
                })
            })
            function refreshCode() {
                /*生成验证码的基本原理：将备选字符放在数组中，随机生成下标来获得数组元素中的字符，
                    根据验证码长度，将获得的多个字符连接成字符串，保存并显示   */
                code = ""
                let codeLength = 4                              //验证码的长度
                let random = new Array(1, 2, 3, 4, 5, 6, 7, 8, 9, 'A', 'B', 'C', 'D', 'E',
                    'F', 'G', 'H', 'I', 'J', 'K', 'L', 'M', 'N', 'P', 'Q', 'R',
                    'S', 'T', 'U', 'V', 'W', 'X', 'Y', 'Z')    //随机字符
                for (let i = 0; i < codeLength; i++) {          //循环操作
                    let index = Math.floor(Math.random() * 34)//取得随机字符在数组中的下标（0~33）
                    code += random[index]                       //将取得的随机字符保存到 code 变量中
                }
                $('#scode').text(code)
                $('#result').text('')                           //刷新验证码时，清除上一次的提交响应结果
            }
            window.onerror = function (msg, url, line) {        //处理脚本错误
                alert('出错了：\n 错误信息：' + msg + '\n 错误文档：' + url + '\n 出错位置：' + line)
            }
        </script>
    </body>
</html>
```

（2）在 server.js 中添加登录验证功能，代码如下。

```
...
app.post('/checklogon', urlencodedParser, (req, res) => {                    //实现登录验证
                    //使用了 POST 数据解析器 urlencodedParser 后，可使用 req.body 获取请求数据
    checklogon(req, res)
})
function checklogon(req, res) {                                              //实现登录验证功能
    try {
        let mysql = require('mysql')
        let connection = mysql.createConnection({                           //创建 MySQL 连接对象
            host: 'localhost',
            user: 'root2',
            password: 'Sp123456',
            port: '3306',
            database: 'consultdb'
        })
        connection.connect()                                                //建立 MySQL 服务器连接
                            //用客户端提交的用户名、密码、登录类型等数据生成查询命令
        let sql = 'SELECT * FROM ' + req.body['usertype'] + ' where '
        if (req.body['usertype'] == 'users') {
            sql += " username='"
        } else {
            sql += " name='"
        }
        sql += req.body['username'] + "' and password='" + req.body['password'] + "'"
        let returnstr = ''
```

```
            connection.query(sql, function (err, result) {                    //执行查询
                if (err) {
                        returnstr = '查询出错: ' + err.message
                }else if (result.length > 0) {
                                                //登录成功,在 session 中保存用户名、用户 ID、登录成功标志等信息
                        req.session.isLogin = true
                        if (req.body['usertype'] == 'users') {
                            req.session.username = req.body['username']
                            req.session.userid = result[0]['id']
                        } else {
                            req.session.shopname = req.body['username']
                            req.session.shopid = result[0]['id']
                        }
                        res.send('1')                                          //返回登录成功代码
                } else {
                        res.send('0')                                          //返回登录失败代码
                }
            })
            connection.end()                                                   //中断 MySQL 服务器连接
        } catch (e) { res.send('出错了: ' + e) }
    }
    …
```

13.3.3 实现商品展示功能

实现商品展示
功能

会员登录成功后,跳转到商品展示页面,如图 13-19 所示。

图 13-19　商品展示页面

商品展示页面显示了商品简略信息,单击商品图片可打开商品详情展示页面。单击"咨询"链接,可进入商品咨询页面。商品展示页面右上角显示了当前用户名称,单击"重新登录"链接可返回登录页面。如果用户未登录,则显示"登录"链接。

实现商品展示功能的具体操作步骤如下。

(1)在 VS Code 中创建一个 HTML 文档,命名为 showgoods.html,保存到 public 文件夹中,代码如下。

```
<!DOCTYPE html>
<!--电商平台首页,显示商品信息和相关链接-->
<html>
```

```html
<head>
    <meta charset="utf-8" />
    <link rel="icon" href="images/favicon.ico" type="image/x-ico" />
    <title>电商平台商品展示</title>
    <script src="javascripts/jquery-3.7.1.min.js"></script>
    <style>
        .tdshow {
            border-width: 0px;
            vertical-align: middle;
            border: solid #aed9c0;
            border-width: 1px;
            align-content: center;
            font-size: 12px;
            text-align: center;
            padding: 5px;
        }
        .sprice { color: red;margin-left: 20px}
        .goodspic {width: 160px;height: 200px}
    </style>
</head>
<body>
    <div>
        <img src="images/log.png" style="vertical-align:middle" />
        <select name="filtertype" id="filtertype">
            <option value="name">书名</option><option value="writer">作者</option>
        </select>
        <input type="text" id="filterstr" style="width:400px" />
        <input type="button" value="搜索" /><!--搜索功能留待实现-->
    </div>
    <div style="font-size:14px;text-align:right;top:5px;position:absolute;right:10px">
        <label id='showuser'></label><!--在此显示当前用户名等信息-->
    </div>
    <hr>
    <div id="showgoods"></div><!--在此显示商品信息-->
    <script>
        $(function () {
            $.get('/getSessionUser', function (data) {   //获取当前用户名
                if (data == '')
                    $('#showuser').html('请 <a href="logon.html">登录</a>, <a href="register.html">
注册</a>')
                else
                    $('#showuser').html('欢迎 ' + data + ' <a href="logon.html">重新登录</a>')
            })
            $('#showgoods').load('/getgoods')              //获取商品简略信息列表
        })
        function showgoodsdetail(n) {
            window.open('/goodsdetail?id=' + n)             //打开商品详情展示页面
        }
        function recordid(goodsid, shopid) {
            //单击"咨询"链接时，将当前商品的 ID 和所属店铺的 ID 提交给服务器，将其存入 session
```

```
                    $.post("/recordid", { 'goodsid': goodsid, 'shopid': shopid }, function () {
                        window.open('consulting.html')                    //打开咨询页面
                    })
                }
            </script>
        </body>
    </html>
```

（2）在 server.js 中添加获取当前用户名、获取商品简略信息列表和记录商品的 ID 和所属店铺的 ID 等功能，代码如下。

```
    …
    app.get('/getSessionUser', (req, res) => {                    //返回当前用户名
        res.send(req.session.username)
    })
    app.get('/getgoods', (req, res) => {                          //返回商品简略信息列表
        returnGoods(res)
    })

    app.post('/recordid', urlencodedParser, (req, res) => {       //保存当前商品的 ID 和所属店铺的 ID
        if (req.body.goodsid) {
            req.session.askgoodsid = req.body.goodsid
            req.session.askshopid = req.body.shopid
        }
        res.end()
    })
    function returnGoods(res) {                                   //返回商品简略信息列表
        try {
            let mysql = require('mysql')
            let connection = mysql.createConnection({
                host: 'localhost',
                user: 'root2',
                password: 'Sp123456',
                port: '3306',
                database: 'consultdb'
            })
            connection.connect()
            let sql = 'select goods.*,shops.name from goods left join shops on(goods.shopid=shops.id)'
            connection.query(sql, function (err, result) {
                if (err) {
                    returnstr = '查询出错: ' + err.message
                } else if (result.length > 0) {
                    res.write("<table  border=0 cellpadding=1 cellspacing=1>")
                    let s = '',n = 0
                    for (let rec of result) {
                        s = s + "<td class='tdshow'><a href='javascript:void(0)' onclick='showgoodsdetail("
                            + rec["id"] + ")'  title='单击查看详情'><img src='" + rec["jpg"] + "'
class='goodspic'/></a>"
                            + "<br>" + rec['name'] + ' ' + "¥" + (rec["price"] * rec["discount"])
.toFixed(2)
                            + "    <a href='javascript:void(0)' onclick='recordid("
```

```
                        + rec["id"] + "," + rec["shopid"] + ")'>咨询</a></td>"
                n = n + 1
                if (n == 4) {//4个一行
                    res.write("<tr>" + s + "</tr>")
                    s = ""
                    n = 0
                }
            }
            if (s.indexOf("</tr>") > 0)
                res.write("<tr>" + s + "</tr>")
            res.write("</table>")
        } else {
            res.write("暂时没有商品信息! ")
        }
        res.end()
    })
    connection.end()
} catch (e) {
    res.end('出错了: ' + e)
}
}
```

13.3.4 实现商品咨询功能

用户在商品展示页面中单击咨询链接进入商品咨询页面。商品咨询页面如图 13-20 所示。

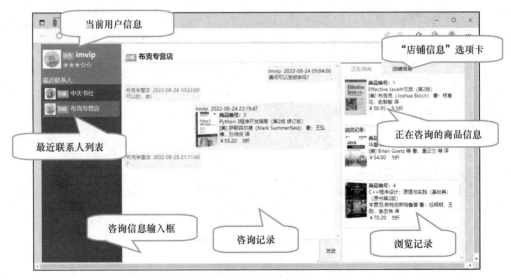

图 13-20 商品咨询页面

咨询页面主要功能如下。

（1）显示当前用户信息和最近联系人列表。

页面左侧上方显示当前用户信息，左侧下方显示最近咨询过的店铺列表。

（2）咨询记录显示。

页面中部显示咨询记录。在左侧店铺列表中通过单击切换店铺名称时，页面中部实时更新，显示当前用户与店铺的咨询记录。

（3）显示正在咨询的商品信息和浏览记录。

页面右侧的"正在咨询"选项卡中显示当前正在咨询的商品信息和浏览记录。鼠标指针指向商品时，商品信息右上角会显示"咨询"按钮。单击"咨询"按钮可将商品信息作为咨询内容发送给店铺。

（4）查看店铺信息。

右侧的"店铺信息"选项卡中显示当前正在咨询的店铺的详细信息。

（5）发送咨询信息。

用户在页面中部下方的输入框中输入信息后，单击"发送"按钮将信息发送给店铺。

设计思路：首先在 HTML 文档中实现页面框架，然后逐步设计服务器端脚本，在 HTML 文档中通过 AJAX 操作请求服务器脚本将各项内容逐个载入页面。

商品咨询页面的实现主要包括设计商品咨询页面框架、验证是否登录、实现当前用户信息载入、实现最近联系人列表载入、实现店铺信息载入、实现咨询记录载入、实现选项卡切换、实现正在咨询商品信息载入、实现浏览记录载入、实现商品信息咨询发送、实现用户输入咨询信息并发送和实现咨询记录刷新等步骤。下面逐步讲解商品咨询页面的实现过程。

设计商品咨询页面框架

1. 设计商品咨询页面框架

在 VS Code 中，为项目添加一个 HTML 文档，命名为 consulting.html，实现商品咨询页面框架，其代码如下。

```
<!DOCTYPE html>
<html>
<head>
    <meta charset="utf-8" />
    <title>在线咨询</title>
    <script src="scripts/jquery-3.7.1.min.js"></script>
    <style>
        body {/*定义页面默认样式*/
            background-color: #d8d8d8; min-height: 570px; width :100%}
        #main {/*定义页面主框架样式*/
            width: 1160px; height: 580px; background-color: white; margin-top: -290px;
            margin-left: -580px; position: absolute; left: 50%;top: 50%;  }
        #mleft {/*定义主框架左侧子框架样式*/
            top: 0; background: #363e47; float: left; border-right: 1px solid #ccc;
            width: 222px; height: 580px; }
        #mright { /*定义主框架右侧子框架样式*/
            top: 0; background-color: #fafafa; float: right; width: 936px; height: 570px;}
        #mright-left { /*定义右侧子框架内的左侧子框架样式*/
            top: 0; float: left; border-right: 1px solid #ccc; width: 597px; height: 528px;}
        #mright-right { /*定义右侧子框架内的右侧子框架样式*/
            top: 0px; float: right; border-right: 1px solid #ccc; width: 337px; height: 528px;
            position: relative; }
        #chatarea { /*定义咨询记录显示框架的样式*/
            width: 572px;height:460px; padding:5px 20px 5px 5px;overflow-x:hidden;overflow-y: scroll}
        .chat-text { /*定义每条咨询记录的样式*/
```

```css
        width: 572px; display: block; clear: both; font-size: small;}
.chat-text-me { /*定义咨询记录中当前用户所发信息的样式*/
        background: #eee; float: right; color: black; display: inline-block; padding: 5px;
        border: 1px solid #eee; border-radius: 10px; right: 30px;margin-top: 2px;margin-bottom: 2px;}
.chat-text-to { /*定义咨询记录中店铺所发信息的样式*/
        background: #eee; display: inline-block; clear: both; padding: 5px; background: #eee;
        border: 1px solid #eee; border-radius: 10px; color: darkslateblue;margin-top: 2px;
        margin-bottom: 2px; }
#userinfo { /*定义当前用户信息显示样式*/
        padding-top: 20px; width: 212px; padding: 15px 5px 15px 5px; color: #fff;
        background: #e45050;font-weight: bold; font-size: larger; }
#ltitle { /*定义最近联系人标题样式*/
        width: 212px; padding: 2px 5px 2px 5px; color: #fff; background: #e45050;}
#saying {/*定义咨询信息输入框样式*/
        width: 533px; height: 58px; border: 1px solid #ccc;margin :0;}
#send  { /*咨询信息发送按钮样式*/
        width: 60px; height: 58px; border: 1px solid #ccc;position: absolute;float: right;}
#chattoname { /*记录上方显示的咨询对象名称的样式*/
        top: 0;border-right: 1px solid #ccc;border-bottom: 1px solid #ccc; width: 925px;
        height: 30px; padding-top: 20px; padding-left: 10px;font-weight: bold;font-size: larger; }
.im-tab { /*定义"正在咨询"和"店铺信息"选项卡样式*/
        background: #eee; width: 337px; height: 30px; }
.im-tab .current div { /*当前选项卡样式*/
        background-color: #fafafa; color: #e66464; border-top: 3px solid #e66464; }
li, ol, ul { /*列表项默认样式*/list-style: none; margin: 0; padding: 0;}
.im-tab li { /*选项卡中的列表项样式*/
        float: left; line-height: 28px; height: 36px;font-size: 14px; width: 33%; }
.im-tab li div { /*选项卡中的列表项中的 DIV 样式*/
        width:100%;height:33px;text-align:center; position:relative;border-top: 3px solid #eee;}
#im-shop { /*"店铺信息"选项卡默认不显示*/display: none; }
#im-asking, #im-shop { /* "正在咨询"和"店铺信息"选项卡内容样式*/
        padding: 10px; font-size: small; }
.headerjpg { /*头像显示样式*/width: 50px; height: 50px; float: left; margin-right: 5px; }
.gstar { /*用户星级显示样式*/color: #ffd800}
.user-em { /*用户和店铺的类型标志样式*/
        margin-right: 5px; display: inline-block; width: 30px; height: 20px; font-size: 12px;
        font-weight: 400; color: #fff;background: url(images/bg_grade3.png) no-repeat; }
#ulists { /*最近联系人列表样式*/ padding: 5px; }
.itemheaderjpg { /*最近联系人列表中联系人头像样式*/
        width: 30px; height: 30px; vertical-align: middle; padding-right: 5px; }
.listitem { /*每个联系人条目样式*/
        color: white; border-bottom: 1px solid #676363; padding: 5px; height: 30px;
        vertical-align: middle}
#ulists .current { /*当前联系人背景样式*/ background: #676363;}
#ulists div:hover { /*鼠标指针指向的联系人背景样式*/background: #a09999 }
.listitem-name-id { /*保存每个联系人 ID 的元素默认隐藏*/display: none}
#browse-record { /*浏览记录显示框的样式*/
        border-top: 1px solid #ccc; overflow-x: hidden; overflow-y: scroll; width: 327px;
        font-size: small; height: 358px; position: absolute; bottom: 0; }
.askgoodspic { /* "正在咨询"选项卡中商品图片的样式*/
```

```
                width: 60px; height: 95px; float: left; margin-right: 5px; }
            .readytoask { /* "正在咨询"选项卡中"咨询"按钮的样式*/
                display: none; position: relative; border: 1px solid darkslateblue;
                padding: 3px 10px 3px 10px; background: #eee;color: darkslateblue}
            .askitem { /* "正在咨询"选项卡中每个商品信息条目的样式*/
                border-bottom: 1px solid #ccc; margin-top: 5px; margin-bottom: 5px;height:120px;clear: both;}
            .askitem:hover .readytoask { /*鼠标指针指向商品信息条目时，显示"咨询"按钮*/
                display: inline; position: relative; float: right; }
        </style>
    </head>
    <body>
        <div id="main">
            <div id="mleft">
                <div id="userinfo">会员信息</div><div id="ltitle">最近联系人:</div><div id="ulists"></div>
            </div>
            <div id="mright">
                <div id="chattoname">咨询对象</div><span id="chattoid" style="display:none"></span>
                <div id="mright-left">
                    <div id="chateara"></div>
                    <div style="vertical-align:middle ">
                        <textarea id="saying"></textarea><button id="send">发送</button>
                    </div>
                </div>
                <div id="mright-right">
                    <div class="im-tab">
                        <ul class="">
                            <li class="im-item current"><div >正在咨询</div></li>
                            <li class="im-item"><div>店铺信息</div></li>
                        </ul>
                    </div>
                    <div class="im-tab-contents">
                        <div id="im-asking" class="im-item-content">
                            <div id="asking-goods-info"></div><div id="browse-record"></div>
                        </div>
                        <div id="im-shop"  class="im-item-content"></div>
                    </div>
                </div>
            </div>
        </div>
        <div id="show" style="position:fixed;bottom:0"></div><!--用于显示相关提示信息的DIV-->
        <script>
            ...
        </script>
    </body>
</html>
```

2. 验证是否登录

用户打开商品咨询页面时，页面向服务器请求"/checkisloged"，检查用户是否登录，用户未登录时导航到登录页面。

商品咨询页面在脚本中发起验证请求，代码如下。

验证是否登录

```
<script>
    $(function () {
        $.get('/checkisloged', function (data) {
            if (data == "0") {                     //在未登录时导航到登录页面
                location.replace('logon.html')
            }
        })
    ...
```

服务器端处理"/checkisloged"请求，通过检查 req.session.isLogin 的值来判断当前用户是否登录，其代码如下。

```
app.get('/checkisloged', (req, res) => {          //检查是否已经登录
    if (req.session.isLogin) {
        res.send('1')
    } else {
        res.send('0')
    }
})
```

3. 实现当前用户信息载入

商品咨询页面请求当前用户信息的脚本代码如下。

实现当前用户信
息载入

```
<script>
...
        $("#userinfo").load("/getuserinfo")          //载入当前用户星级等信息
...
```

服务器端处理"/getuserinfo"请求，使用 session 对象中保存的会员或店铺信息，从数据库查询详细信息，将其返回客户端，代码如下。

```
app.get('/getuserinfo', (req, res) => {              //返回用户星级等信息
    getuserinfo(req, res)
})
function getuserinfo(req, res) {                     //返回用户星级等信息
    try {
        let username = req.session.username
        let mysql = require('mysql')
        if (!username) {
            res.write("<font color=red>请重新登录!</font>")
            res.end()
        } else {
            let connection = mysql.createConnection({
                host: 'localhost',
                user: 'root2',
                password: 'Sp123456',
                port: '3306',
                database: 'consultdb'
            })
            connection.connect()
            let sql = "select stars,headerjpg from users where username='" + username + "'"
            connection.query(sql, function (err, result) {
```

```
                let data = ''
                if (err) {
                    data = "<font color=red>出错了: " + err.message + "</font>"
                } else if (result.length) {
                    data = "<img class='headerjpg' src='" + result[0]["headerjpg"] + "'/>"
                    data += "<span class='user-em'>会员</span>"
                    data += "<span id='username'>" + username + "</span><br><span class='gstar'>"
                    let i = 0
                    for (i = 1; i <= result[0]["stars"]; i++) {
                        data += "★"
                    }
                    data += "</span><span class='wstar'>"
                    for (let n = i; n <= 5; n++) {
                        data += "☆"
                    }
                    data += "</span>"
                } else {
                    data = "<font color=red>,请重新登录!</font>"
                }
                res.send(data)
            })
            connection.end()
        }
    } catch (e) { res.send('出错了: ' + e) }
}
```

4. 实现最近联系人列表载入

商品咨询页面请求最近联系人列表的脚本代码如下。

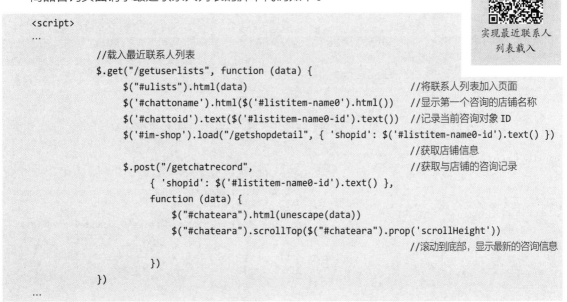

实现最近联系人
列表载入

```
<script>
...
            //载入最近联系人列表
            $.get("/getuserlists", function (data) {
                $("#ulists").html(data)                                    //将联系人列表加入页面
                $('#chattoname').html($('#listitem-name0').html())          //显示第一个咨询的店铺名称
                $('#chattoid').text($('#listitem-name0-id').text())         //记录当前咨询对象 ID
                $('#im-shop').load("/getshopdetail", { 'shopid': $('#listitem-name0-id').text() })
                                                                            //获取店铺信息
                $.post("/getchatrecord",                                    //获取与店铺的咨询记录
                    { 'shopid': $('#listitem-name0-id').text() },
                    function (data) {
                        $("#chateara").html(unescape(data))
                        $("#chateara").scrollTop($("#chateara").prop('scrollHeight'))
                                                                            //滚动到底部, 显示最新的咨询信息
                    })
            })
...
```

脚本在成功载入联系人列表后, 首先将第一个咨询的店铺名称及其 ID 加载到对应的页面元素中, 然后发起 AJAX 请求, 从服务器获取店铺信息和与店铺的咨询记录。

服务器端处理"/getuserlists"请求，返回最近联系人列表、当前店铺信息以及与店铺的咨询记录，其代码如下。

```
app.get('/getuserlists', (req, res) => {       //返回最近联系人列表
    returnUserLists(req, res)
})
function returnUserLists(req, res) {           //返回最近联系人列表
    try {
        /*
        输出最近联系人中的当前咨询商品所属店铺信息,首先查看是否已咨询过当前咨询商品所属店铺。
           用户在商品信息展示页面中单击"咨询"链接时,对应商品所属店铺的 ID 会存入 session("askshopid")*/
        let mysql = require('mysql')
        if (!req.session.userid) {
            res.write("<font color=red>请重新登录!</font>")
            res.end()
        } else {
            let sql = "SELECT * from shops where id=" + req.session.askshopid + " or id "
                + " in(select distinct idshop from consultrecords  where iduser=" +
                req.session.userid + ')'
            let connection = mysql.createConnection({
                host: 'localhost',
                user: 'root2',
                password: 'Sp123456',
                port: '3306',
                database: 'consultdb'
            })
            connection.connect()
            connection.query(sql, function (err, result) {
                if (err) {
                    res.write("<font color=red>出错了: " + err.message + "</font>")
                } else {
                    if (result.length) {
                        //输出当前店铺信息
                        for (rec of result) {
                            if (rec['id'] == req.session.askshopid) {
                                let data = "<div class='listitem current' id='listitem0'
onclick='getchattoshop(0," + rec["id"]
                                + ")'><img class='itemheaderjpg' src='" + rec["headerjpg"] + "'/>"
                                + "<span id='listitem-name0'><span class='user-em'>店铺</span>"
                                + rec["name"] + "</span></div>"
                                + "<span id='listitem-name0-id' class='listitem-name-id'>" +
req.session.askshopid + "</span>"
                                res.write(data)
                            }
                        }
                        //输出其他店铺信息
                        let n = 1
                        for (rec of result) {
                            if (rec['id'] != req.session.askshopid) {
```

```
                                        let s = "<div class='listitem' "
                                            + " id='listitem" + n + "'  onclick='getchattoshop(" + n +
"," + rec["id"]
                                            + ")'><img class='itemheaderjpg' src='" + rec["headerjpg"] + "'/>"
                                            + "<span id='listitem-name" + n + "'><span class='user-em'>
店铺</span>"
                                            + rec["name"] + "</span></div>"
                                            + "<span id='listitem-name" + n + "-id' class='listitem-
name-id'>" + +rec["id"] + "</span>"
                                    res.write(s)
                                    n += 1
                                }
                            }
                        } else { res.write("无记录！")}
                    }
                    res.end()
                })
                connection.end()
            }
        } catch (e) {res.send('出错了：' + e) }
    }
```

服务器端处理"/getshopdetail"请求，返回当前店铺信息，其代码如下。

```
app.post('/getshopdetail', urlencodedParser, (req, res) => {        //返回店铺信息
    getshopdetail(req, res)
})
function getshopdetail(req, res) {                                  //返回店铺信息
    try {
        let shopid = req.body.shopid
        if (!shopid) {
            res.write("<font color=red>暂无信息！</font>")
            res.end()
        } else {
            let mysql = require('mysql')
            let connection = mysql.createConnection({
                host: 'localhost',
                user: 'root2',
                password: 'Sp123456',
                port: '3306',
                database: 'consultdb'
            })
            connection.connect()
            let sql = "select * from shops where id=" + shopid
            connection.query(sql, function (err, result) {
                if (err) {
                    res.write("<font color=red>出错了: " + err.message + "</font>")
                } else if (result.length) {
                    res.write("<span class='user-em'>店铺</span>")
                    res.write(result[0]["name"])
                    res.write("<br><b>店铺评分: </b><span class='gstar'>")
```

```javascript
                        for (let i = 1; i <= result[0]["stars"]; i++) {
                            res.write("★")
                        }
                        res.write("</span><span class='wstar'>")
                        for (let i = 1; i <= 5; i++) {
                            res.write("☆")
                        }
                        res.write("</span>")
                        res.write("<br><b>店铺简介: </b><span>" + result[0]["introduce"] + "</span>")
                        res.write("<br><b>店铺地址: </b><span>" + result[0]["address"] + "</span>")
                        res.write("<br><b>联系电话: </b><span>" + result[0]["phone"] + "</span>")
                    } else { res.write("<font color=red>暂无信息!</font>")}
                    res.end()
                })
            connection.end()
        }
    } catch (e) {res.send('出错了: ' + e) }
}
```

服务器端处理"/getchatrecord"请求，返回与当前店铺有关的咨询记录，其代码如下。

```javascript
app.post('/getchatrecord', urlencodedParser, (req, res) => {   //返回与店铺的咨询记录
    returnChatRecord(req, res)
})
function returnChatRecord(req, res) {                           //返回与店铺的咨询记录
    try {
        let shopid = req.body.shopid
        if (!shopid) {
            res.write("<font color=red>意外错误，请重新登录!</font>")
            res.end()
        } else {
            let mysql = require('mysql')
            let connection = mysql.createConnection({
                host: 'localhost',
                user: 'root2',
                password: 'Sp123456',
                port: '3306',
                database: 'consultdb'
            })
            connection.connect()
            let sql="SELECT a.*,b.name FROM consultrecords as a,shops as b where a.idshop=b.id
and iduser="
                + req.session.userid + " and idshop=" + shopid + " order by time asc"
            connection.query(sql, function (err, result) {
                if (err) {
                    res.write("<font color=red>出错了: " + err.message + "</font>")
                } else if (result.length) {
                    for (rec of result) {
                        res.write("<div class='chat-text'>")
                        if (rec["fromtype"] == "1") {
                            res.write("<span class='chat-text-me'><div>")
```

```
                    res.write(req.session.username + "  ")
                } else {
                    res.write("<span class='chat-text-to'><div>")
                    res.write(rec["name"] + "  ")
                }
                res.write((rec["time"]))
                res.write("</div><div>")
                res.write(rec["content"])
                res.write("</div></span></div>")
            }
        } else { res.write("<font color=red>无记录!</font>") }
        res.end()
    })
    connection.end()
    }
} catch (e) {res.send('出错了: ' + e) }
}
```

5. 实现店铺信息和实时咨询记录载入

当用户在最近联系人列表中单击店铺名称时，请求服务器端的"/getshopdetail"和"/getchatrecord"，返回店铺信息和咨询记录。客户端脚本如下。

实现店铺信息和
实时咨询记录
载入

```
<script>
...
    function getchattoshop(n, idshop) {
        $('.listitem').removeClass("current")
        $('#listitem' + n).addClass("current")              //改变当前店铺样式
        $('#chattoname').html($('#listitem-name' + n).html())  //显示当前店铺名称
        $('#chattoid').text(idshop)                          //保存当前店铺 ID
        $('#im-shop').load("/getshopdetail", { 'shopid': idshop })  //获取当前店铺详细信息
        $.post("/getchatrecord",                             //获取与店铺的咨询记录
            { 'shopid': idshop },
            function (data) {
                $("#chateara").html(unescape(data))
                $("#chateara").scrollTop($("#chateara").prop('scrollHeight')))//滚动到底部, 显示
最新的咨询信息
            })
    }
...
</script>
```

6. 实现选项卡切换

当用户选择"正在咨询"和"店铺信息"选项卡时，切换当前选项卡，并显示对应的选项卡内容。实现选项卡切换的脚本代码如下。

实现选项卡切换

```
<script>
    $(function () {
        ...
        $('.im-item').click(function () {      //切换正在咨询、店铺信息选项卡
            $('.im-item').removeClass("current")
            $(this).addClass("current")
```

```
                let itext = $(this).text().trim()
                $('.im-item-content').css('display', 'none')
                //设置 CSS 隐藏选项卡，后面通过 CSS 将当前选项卡显示出来
                if (itext == "正在咨询")
                        $('#im-asking').css('display', 'block')
                else
                        $('#im-shop').css('display', 'block')
        })
    ...
```

7. 实现正在咨询商品信息载入

商品咨询页面请求正在咨询的商品信息的脚本代码如下。

实现正在咨询商
品信息载入

```
<script>
    $(function () {
        ...
        $('#asking-goods-info').load('/getaskgoodsinfo')   //获取当前正在咨询的商品信息
        ...
```

当用户在商品展示页面中单击"咨询"链接时，客户端脚本会通过 AJAX 请求将对应商品的 ID和商品所属店铺的 ID 发送给服务器，服务器将其保存在 session 对象中。

服务器端处理"/getaskgoodsinfo"请求时，使用 req.session.askgoodsid 中的商品 ID 作为参数，查询数据库获取当前正在咨询的商品信息，其代码如下。

```
app.get('/getaskgoodsinfo', (req, res) => {              //返回当前正在咨询的商品信息
    returnAskGoodsInfo(req, res)
})
function returnAskGoodsInfo(req, res) {                  //返回当前正在咨询的商品信息
    try {
        let goodsid = req.session.askgoodsid
        if (!goodsid) {
                res.write("<font color=red>请求的 goodsid</font>")
                res.end()
        } else {
            let mysql = require('mysql')
            let connection = mysql.createConnection({
                host: 'localhost',
                user: 'root2',
                password: 'Sp123456',
                port: '3306',
                database: 'consultdb'
            })
            connection.connect()
            let sql = "select * from goods where id=" + goodsid
            connection.query(sql, function (err, result) {
                if (err) {res.write("<font color=red>出错了: " + err.message + "</font>")
                } else if (result.length) {
                        res.write("<div class='askitem'>")
                        res.write("<div class='readytoask' onclick='askthegoods(this)'>咨询</div>")
                        res.write("<div><img class='askgoodspic'  src='" + result[0]["jpg"] + "'
class='goodspic'/>")
```

```
                    res.write("<b>商品编号: </b>")
                    res.write((result[0]["id"]).toString())
                    res.write("<br><span>")
                    res.write(result[0]["title"])
                    res.write("</span><br>" + result[0]["introduce"])
                    res.write("<br>￥")
                    res.write((result[0]["price"] * result[0]["discount"]).toFixed(2))
                    res.write("    ")
                    res.write((result[0]["discount"] * 10).toString())
                    res.write("折</div></div>")
                } else {
                    res.write("没有编号为" + goodsid + " 的商品，请联系管理员! ")
                }
                res.end()
            })
            connection.end()
        }
    } catch (e) { res.end('出错了: ' + e) }
}
```

8. 实现浏览记录载入

商品咨询页面请求浏览记录的脚本代码如下。

```
<script>
    $(function () {
        …
        $('#browse-record').load('/getbrowserecord')    //获取浏览记录中的商品信息
        …
```

用户在商品信息展示页面（showgoods.html）中单击商品图片可进入商品详细信息页面，此时，服务器端脚本会将商品 ID 保存到 req.session.foots 中。

服务器在处理"/getbrowserecord"请求时，使用 req.session.foots 中记录的商品 ID 作为参数，查询数据库获得浏览过的商品信息，将其返回客户端。脚本代码如下。

```
app.get('/getbrowserecord', (req, res) => {           //返回浏览记录中的商品信息
    returnBrowseRecord(req, res)
})
function returnBrowseRecord(req, res) {                //返回浏览记录中的商品信息
    try {
        let foots = req.session.foots
        if (!foots) {
            res.write("<font color=red>无浏览记录! </font>")
        } else {
            foots = foots.substring(1)             //处理开头的逗号
            let sql = "select * from goods where id in(" + foots + ") and id<>" + req.session.askgoodsid
            let mysql = require('mysql')
            let connection = mysql.createConnection({
                host: 'localhost',
                user: 'root2',
                password: 'Sp123456',
                port: '3306',
```

```
                    database: 'consultdb'
                })
                connection.connect()
                connection.query(sql, function (err, result) {
                    if (err) { res.write("<font color=red>出错了: " + err.message + "</font>")
                    } else if (result.length) {
                        res.write("<b>浏览记录: </b>")
                        for (rec of result) {
                            res.write("<div class='askitem'>")
                            res.write("<div class='readytoask' onclick='askthegoods(this)'>咨询</div>")
                            res.write("<div id='askgoods-info'>")
                            res.write("<img class='askgoodspic'  src='" + rec["jpg"] + "' class='goodspic'/>")
                            res.write("<b>商品编号: </b>")
                            res.write((rec["id"]).toString())
                            res.write("<br><span>")
                            res.write(rec["title"])
                            res.write("</span><br>" + rec["introduce"])
                            res.write("<br>¥")
                            res.write((rec["price"] * rec["discount"]).toFixed(2))
                            res.write("    ")
                            res.write((rec["discount"] * 10).toString())
                            res.write("折</div></div>")
                        }
                    }
                    res.end()
                })
                connection.end()
            }
    } catch (e) {res.end('出错了: ' + e) }
}
```

9. 实现商品信息咨询发送

当用户在"正在咨询"选项卡中将鼠标指针指向某条商品信息时，会显示"咨询"按钮，单击按钮可将该条商品信息作为咨询内容发送，内容会添加到显示咨询记录的<div>元素中，同时也会提交给服务器保存。

实现商品信息咨询发送

商品咨询页面实现商品信息咨询发送的脚本如下。

```
<script>
    ...
    function askthegoods(obj) {
        let d = new Date()
        let c = $(obj.nextSibling).html()
        let s = "<div class='chat-text'><span class='chat-text-me'><div>"
            + $('#username').text() + '  ' + dts(d) + "</div><div>"
            + c + "</div></span></div>"
        $("#chateara").append(s)
        $("#chateara").scrollTop($("#chateara").prop('scrollHeight')) //滚动到底部,显示最新的咨询信息
        let sid = $('#chattoid').text()
        $.post('/appenduserchat', { 'idshop': sid, 'content': c }, function (data) {
```

```
            if (data != "ok") alert(data)
        })
    }
    ...
</script>
```

服务器处理 "/appenduserchat" 请求，将本条咨询记录存入数据库，其代码如下。

```
app.post('/appenduserchat', urlencodedParser, (req, res) => {        //保存咨询记录
    appendUserChat(req, res)
})
function appendUserChat(req, res) {                                   //保存咨询记录
    try {
        let iduser = req.session.userid
        if (!iduser) {
            res.write("<font color=red>无咨询记录，请尝试重新！</font>")
            res.end()
        } else {
            let idshop = req.body.idshop
            let content = req.body.content
            let mysql = require('mysql')
            let connection = mysql.createConnection({
                host: 'localhost', user: 'root2', password: 'Sp123456', port: '3306', database:
'consultdb'
            })
            connection.connect()
            let t = new Date()
            let sql = "insert into consultrecords(iduser,idshop,content,time,fromid,fromtype) values("
                + iduser + "," + idshop + ",'" + content + "' ,'" + dts(t) + "'," + iduser + ",'1')"
            connection.query(sql, function (err, result) {
                if (err) { res.write("<font color=red>出错了: " + err.message + "</font>")}
            })
            res.send("ok")
            connection.end()
        }
    } catch (e) {res.send('出错了: ' + e) }
}
```

10. 实现用户输入咨询信息发送

商品咨询页面实现用户输入咨询信息发送的脚本如下。

```
<script>
    $(function () {
        ...
        $('#send').click(function () {
        //单击"发送"按钮时，将信息添加到咨询信息窗口，并提交给服务器保存
            let c = $('#saying').val()
            if (c.trim() != '') {
                let d = new Date()
                let s = "<div class='chat-text'><span class='chat-text-me'><div>"
                    + $('#username').text() + '  ' + dts(d)+ "</div><div>"
                    + c + "</div></span></div>"
```

实现用户输入咨
询信息发送

```
            $("#chateara").append(s)
            $("#chateara").scrollTop($("#chateara").prop('scrollHeight'))
            //滚动到底部，显示最新的咨询信息
            let sid = $('#chattoid').text()
            $.post('/appenduserchat', { 'idshop': sid, 'content': c }, function (data) {
                $('#saying').val('')
                if (data != "ok") $('#show').html(data)
            })
        }
    })
    …
```

11. 实现咨询记录刷新

向商品咨询页面中添加一个定时操作，每隔 2s 自动刷新咨询记录，实现脚本如下。

实现咨询记录
刷新

```
<script>
    $(function () {
        …
        setInterval("refreshChatEara()", 2000)
    })
    function refreshChatEara() {
        let sid = $('#chattoid').text()
        if (sid == '') return
        $.post("/getchatrecord",                        //获取与店铺的咨询记录
            { 'shopid': sid },
            function (data) {
                $("#chateara").html(unescape(data))
                $("#chateara").scrollTop($("#chateara").prop('scrollHeight'))
                //滚动到底部，显示最新的咨询信息
            })
    }
    …
</script>
```

> **提示** 限于篇幅，咨询服务系统的其他功能实现不再详细介绍，请读者查看源代码进行学习。咨询服务系统的其他功能列入本章习题。

13.4　小结

本章实现的在线咨询服务系统，主要应用了 JavaScript、jQuery、Node.js 和 MySQL 等相关技术。实现过程体现了 JavaScript+jQuery 实现 Web 应用的技术特点：客户端 HTML 定义页面框架；客户端脚本向服务器发送/请求数据；服务器端脚本接收客户端发来的数据，完成数据库访问，将处理结果返回客户端；客户端脚本将服务器响应结果载入页面。

13.5　习题

1. 实现咨询服务系统用户注册功能，如图 13-21 所示。源文件：13\consult\public\register.html、server.js。

2. 实现咨询服务系统店铺注册功能，如图 13-22 所示。源文件：13\consult\public\registershop.html、server.js。

图 13-21　咨询服务系统用户注册

图 13-22　咨询服务系统店铺注册

3. 实现咨询服务系统店铺用户登录功能，如图 13-23 所示。源文件：13\consult\public\shoplogon.html、server.js。

图 13-23　咨询服务系统店铺登录

4. 实现咨询服务系统商品详情展示功能，如图 13-24 所示。源文件：server.js。

图 13-24　咨询服务系统商品详情展示

285

5. 实现咨询服务系统店铺客户服务功能，如图 13-25 所示。源文件：13\consult\public\ shopservice.html、server.js。

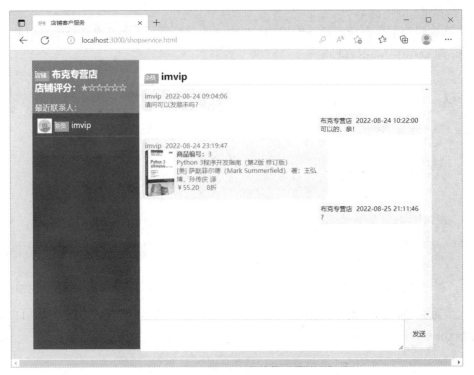

图 13-25　咨询服务系统店铺客户服务